工程力学习题与解答

主 编 金 铮
副主编 陈 波 马春卉
主 审 刘桂香

东南大学出版社
·南京·

内 容 简 介

本书是配合"工程力学"的教学内容而编写的配套习题与解答。全书共三大篇十五章，涵盖静力学、运动力学、材料力学基本内容，主要设有判断、填空、选择、综合应用四种题型。题目多、概念细、涉及工程力学问题广泛。目的旨在帮助学生更好地理解和掌握工程力学课程学习中的基本概念、基本知识、以及提高应用解算能力。适用于高等职业院校工科相关专业"工程力学"课程的教学配套。使用时可根据所授内容、各专业特点、教学时数、教学要求选择相关的习题。本书是一本教师教授和学生学习"工程力学"课程必备的参考用书。

图书在版编目(CIP)数据

工程力学习题与解答/金铮主编.--南京：东南大学出版社，2010.9(2022.8重印)
ISBN 978-7-5641-2311-6

Ⅰ.①工… Ⅱ.①金… Ⅲ.①工程力学—高等学校—习题 Ⅳ.①TB12-44

中国版本图书馆 CIP 数据核字(2010)第 128477 号

工程力学习题与解答

出版发行	东南大学出版社	
出 版 人	江 汉	
网 址	http://www.seupress.com	
电子邮件	press@seu.edu.cn	
社 址	南京市四牌楼2号	
邮 编	210096	
电 话	025-83793191(发行) 025-57711295(传真)	
经 销	全国新华书店	
印 刷	广东虎彩云印刷有限公司	
开 本	787mm×1092mm 1/16	
印 张	12.75	
字 数	318千字	
版 次	2010年9月第1版	
印 次	2022年8月第6次印刷	
书 号	ISBN 978-7-5641-2311-6	
定 价	29.00元	

本社图书若有印装质量问题，请直接与读者服务部联系。电话(传真):025-83792328

目 录

前 言

第一篇 静力学

第一章 静力学基础知识和物体的受力分析 ……………………………… 3
第二章 平面力系 ……………………………………………………………… 17
第三章 空间力系 ……………………………………………………………… 33
第四章 重心 …………………………………………………………………… 41

第二篇 运动力学

第五章 质点运动力学 ………………………………………………………… 47
第六章 刚体运动力学 ………………………………………………………… 58
第七章 动能定理 ……………………………………………………………… 73

第三篇 材料力学

第八章 材料力学基础 ………………………………………………………… 87
第九章 构件的轴向拉伸与压缩 ……………………………………………… 90
第十章 剪切 …………………………………………………………………… 108
第十一章 圆轴的扭转 ………………………………………………………… 119
第十二章 直梁的弯曲 ………………………………………………………… 134
第十三章 组合变形 …………………………………………………………… 156
第十四章 压杆的稳定 ………………………………………………………… 173
第十五章 动载荷 ……………………………………………………………… 188

参考文献 ………………………………………………………………………… 196

前　言

现代高职高专教育越来越突出职业化技能培养的教育目标,教学内容逐渐向着强化实训和实践,以及理论知识的教学以"必需够用"为度的方向发展。工程力学作为一门技术基础课程,教学课时进一步减少,教学内容则需更加精选。为配合工程力学的教学内容,使学生在有限的教学时数下全面系统地理解和掌握工程力学的基本概念、基本知识,以及提高工程应用和解算能力,我们编写了这本《工程力学习题与解答》。本书题目多、概念细、涉及工程力学问题广泛,是作者在总结"工程力学"课程长期教学经验的基础上,收集整理以往"工程力学"教学过程中所积累和解算的丰富题源,倾心编写而成的。本书的编写宗旨在于帮助学生掌握基本知识、提高分析问题和解决问题的能力,在加强基础理论的同时,注意密切联系工程实际,以适应高级技能型人才培养的目标和要求。本书可作为高等职业教育院校土木类、机械类、近机类等专业"工程力学"课程的配套用书,也可供工程技术人员参考。

《工程力学习题与解答》分为三部分:第一部分为静力学(第一～第四章);第二部分为运动力学(第五～第七章);第三部分为材料力学(第八～第十五章)。主要设有判断、填空、选择和综合应用四种题型,前面三种题型以复习和掌握基本理论、基本知识、基本内容为出发点选择题目,综合应用题以帮助学生提高分析、解决问题的能力为出发点选择题目,使学生开阔眼界,接触到更多的从工程中抽象出的力学问题,培养学生对工程问题的观察和应用能力。

本书由金铮担任主编,陈波、马春卉任副主编。其中第一、二、三、四、八、九、十、十一、十二章由金铮编写,第五、七章由陈波编写,第六、十三、十四、十五章由马春卉编写,全书由刘桂香担任主审。在本书的编写过程中,得到了东南大学李兆霞教授、何小元教授的热情帮助和指导,江苏海事职业技术学院的谢荣副教授、张国成副教授和刘善平高级实验师也对本书提出许多宝贵意见,本书还参考了部分工程力学、理论力学和材料力学方面的教材和习题集,在此一并表示感谢。限于编者水平有限,疏漏和欠妥之处在所难免,恳请读者批评指正。

编　者
2010年4月

第一篇

静 力 学

第一章　静力学基础知识和物体的受力分析

一、判断题

1. 力对物体作用效果有两种，即使物体运动状态发生改变和使物体形状发生改变。　　　　　　　　　　　　　　　　　　　　　　　　（　　）
2. 作用于刚体上的平衡力系，如果作用到变形体上，这变形体也一定平衡。（　　）
3. 作用于刚体上的力可在该刚体上移动而不改变其对刚体的运动效应。（　　）
4. 两端用光滑铰链连接的构件都是二力构件。（　　）
5. 任意两个力都可以简化为一个合力。（　　）
6. 合力一定大于分力。（　　）
7. 力偶可以从刚体的作用平面移到另一平行平面，而不改变它对刚体的作用效应。（　　）
8. 作用力与反作用力是一对等值、反向、共线的平衡力。（　　）
9. 力是滑移矢量，沿其作用线滑移不改变对物体的作用效果。（　　）
10. 力沿坐标轴分解就是力向坐标轴投影。（　　）
11. 力的可传性原理在材料力学中也实用。（　　）
12. 如物体相对于地面保持静止或匀速运动状态，则物体处于平衡。（　　）
13. 静力学公理中，二力平衡公理和加减平衡力系公理适用于刚体。（　　）
14. 二力构件是指只有两点受力且自重不计的构件。（　　）
15. 构成力偶的两个力 $F=-F'$，所以力偶的合力等于零。（　　）
16. 已知一刚体在五个力作用下处于平衡，如其中四个力的作用线汇交于 O 点，则第五个力的作用线必过 O 点。（　　）
17. 平面上作用的三个力使物体保持平衡的充要条件是这三个力作用线必汇交于一点。（　　）
18. 两力偶只要力偶矩大小相等，则必等效。（　　）
19. 三力平衡必汇交于一点。（　　）
20. 力偶不能用力来等效，但力可用力偶来等效。（　　）
21. 无论坐标轴正交与否，力沿坐标轴的分力值和投影值均相同。（　　）

参考答案：

1. 对　2. 错　3. 错　4. 错　5. 错　6. 错　7. 对　8. 错　9. 对　10. 错
11. 错　12. 错　13. 对　14. 对　15. 对　16. 对　17. 错　18. 错　19. 错　20. 错
21. 错

二、填空题

1. 力对物体的作用效应取决于力的三要素,即力的_____、_____和_____。
2. 所谓平衡,就是指物体在力的作用下相对于惯性参考系保持_____。
3. 作用在刚体上的力可沿其作用线在刚体内任意移动,而_____力对刚体的作用效果。所以,在静力学中,力是_____矢量。
4. 平面内两个力偶等效的条件是这两个力偶的_____;平面力偶系平衡的充要条件是_____。
5. 车床上的三爪盘将工件夹紧之后,工件夹紧部分对卡盘既不能有相对移动,也不能有相对转动,这种形式的支座可简化为_____支座。
6. 合力在任一轴上的投影等于各分力在同一轴上投影的代数和,这就是_____定理。
7. 平面汇交力系合力对平面内任意一点的矩等于其分力对同一点之矩的代数和,这是_____定理。
8. 对非自由体的运动所加的限制称为_____;约束反力的方向总是与约束所能阻止的物体的运动趋势方向_____;约束反力由_____力引起,且随_____改变而改变。
9. 力对物体的作用效应一般分为_____效应和_____效应。
10. 力偶_____与一个力等效,也_____被一个力平衡。
11. 同一平面内的两个力偶,只要_____相同,对刚体的外效应就相同。

参考答案:

1. 大小;方向;作用点 2. 静止或匀速直线运动状态 3. 不改变;滑移 4. 力偶矩大小相等、转向一致;合力偶矩为零 5. 固定端 6. 合力投影 7. 合力矩 8. 约束;相反;主动;主动力 9. 外;内 10. 不能;不能 11. 力偶矩大小和转向

三、选择题

1. 物体处于平衡状态,是指物体对于周围物体保持_____。
   A. 静止   B. 匀速直线运动状态
   C. A 和 B   D. A 或 B
2. 在力的作用下绝对不发生变形的物体称为_____。
   A. 液体   B. 刚体   C. 固体   D. 硬物
3. _____不是力的三要素之一。
   A. 力的大小   B. 力的方向   C. 力的作用点 D. 力的数量
4. 力是_____。
   A. 标量   B. 矢量   C. 数量   D. A 或 B
5. 作用在刚体上的力是_____。
   A. 定位矢量   B. 滑动矢量   C. 旋转矢量   D. 双向矢量
6. 在保持力偶矩的大小和力偶转向不变的条件下,力偶_____在刚体作用面内任

意转移。

A. 可以 　　　　　B. 不可以 　　　　　C. 无法确定

7. 两个力偶在同一作用面内等效的充要条件是_____。

A. 力偶臂相等 　　　　　B. 力偶矩大小相等
C. 转向相同 　　　　　　D. B+C

8. 两个力偶等效,力偶臂_____相等,组成力偶的力的大小_____相等。

A. 一定/一定 　　　　　　B. 一定/不一定
C. 不一定/一定 　　　　　D. 不一定/不一定

9. 当力偶中任一力沿作用线移动时,力偶矩的大小_____。

A. 增大 　　　　B. 减小 　　　　C. 不变 　　　　D. 无法确定

10. 刚体受两个力作用而平衡的充分与必要条件是此二力等值、反向、共线。这是_____。

A. 二力平衡原理 　　　　　B. 加减平衡力系原理
C. 力的可传递性原理 　　　D. 作用与反作用定律

11. 二力平衡原理适用于_____。

A. 刚体 　　　　　　　　B. 变形体
C. 刚体和变形体 　　　　D. 任意物体

12. 在作用于刚体上的任一力系上,加上或减去任一平衡力系所得到的新力系与原力系等效。这是_____。

A. 二力平衡原理 　　　　　B. 加减平衡力系原理
C. 力的可传递性原理 　　　D. 作用与反作用定律

13. 加减平衡力系原理适用于_____。

A. 刚体 　　B. 变形体 　　C. 刚体和变形体 　　D. 任意物体

14. 力的作用点可沿其作用线在同一刚体内任意移动并不改变其作用效果。这是_____。

A. 二力平衡原理 　　　　　B. 加减平衡力系原理
C. 力的可传递性原理 　　　D. 作用与反作用定律

15. 力的可传递性原理适用于_____。

A. 刚体 　　　　　　　　B. 变形体
C. 刚体和变形体 　　　　D. 任意物体

16. 两物体间的作用力与反作用力总是等值、反向、共线,分别作用在这两个物体上。这是_____。

A. 二力平衡原理 　　　　　B. 加减平衡力系原理
C. 力的可传递性原理 　　　D. 作用与反作用定律

17. 作用与反作用定律适用于_____。

A. 刚体 　　　　　　　　B. 变形体
C. 刚体和变形体 　　　　D. A 与 B 均不适用

18. 力在正交坐标轴上的投影大小_____力沿这两个轴的分力的大小。

A. 大于 　　　　B. 小于 　　　　C. 等于 　　　　D. 不等于

19. 力在不相互垂直的两个轴上的投影大小_____力沿这两个轴的分力的大小。
   A. 大于　　　　　B. 小于　　　　　C. 等于　　　　　D. 不等于

20. 分力_____合力。
   A. 大于　　　　　B. 等于　　　　　C. 小于　　　　　D. 不一定小于

21. 力对某点的力矩等于力的大小乘以该点到力的作用线的_____。
   A. 任意距离　　　B. 直线距离　　　C. 垂直距离　　　D. 曲线距离

22. 约束反力的方向与该约束所能限制的运动方向_____。
   A. 相同　　　　　　　　　　　　　　B. 相反
   C. 无关　　　　　　　　　　　　　　D. 视具体情况而定

23. _____属于铰链约束。
   ①柔性约束　②固定铰链约束　③活动铰链约束　④中间铰链约束
   A. ①②　　　　　B. ②③　　　　　C. ③④　　　　　D. ②③④

24. 一般情况下,固定端的约束反力可用_____来表示。
   A. 一对相互垂直的力　　　　　　　　B. 一个力偶
   C. A+B　　　　　　　　　　　　　　D. 都不对

25. 一般情况下,光滑面约束的约束反力可用_____来表示。
   A. 一沿光滑面切线方向的力　　　　　B. 一个力偶
   C. 一沿光滑面法线方向的力　　　　　D. A+C

26. 一般情况下,固定铰链约束的约束反力可用_____来表示。
   A. 一对相互垂直的力　　　　　　　　B. 一个力偶
   C. A+B　　　　　　　　　　　　　　D. 都不对

27. 一般情况下,可动铰链约束的约束反力可用_____来表示。
   A. 一沿支承面切线方向的力　　　　　B. 一个力偶
   C. 一沿支承面法线方向的力　　　　　D. A+C

28. 一般情况下,中间铰链约束的约束反力可用_____来表示。
   A. 一对相互垂直的力　　　　　　　　B. 一个力偶
   C. A+B　　　　　　　　　　　　　　D. 都不对

29. 若刚体受三个力作用而平衡,且其中有两个力相交,则这三个力_____。
   A. 必定在同一平面内　　　　　　　　B. 必定有二力平行
   C. 必定互相垂直　　　　　　　　　　D. 都不对

30. 下列关于力矩的说法_____是正确的。
   ① 力矩的大小与矩心的位置有很大关系
   ② 力的作用线通过矩心时,力矩一定等于零
   ③ 互相平衡的一对力对同一点之矩的代数和为零
   ④ 力沿其作用线移动,会改变力矩的大小
   A. ①②③　　　　　　　　　　　　　B. ②③④
   C. ①②④　　　　　　　　　　　　　D. ①②③④

31. 图示三角拱,自重不计,若以整体为研究对象,以下四图中正确的受力图是_____。

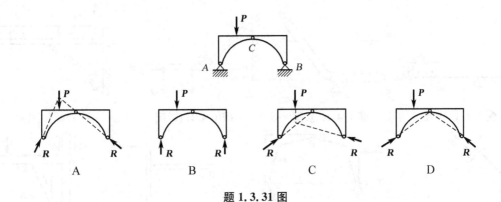

题 1.3.31 图

32. 刚体受三力作用而处于平衡状态,则此三力的作用线_____。
   A. 必汇交于一点　　　　　　　　B. 必互相平行
   C. 必都为零　　　　　　　　　　D. 必位于同一平面内

33. 力偶对物体产生的运动效应为_____。
   A. 只能使物体转动　　　　　　　B. 只能使物体移动
   C. 既能使物体转动,又能使物体移动　　D. 它与力对物体产生的效应相同

参考答案：

1. D　2. B　3. D　4. B　5. B　6. A　7. D　8. D　9. C　10. A　11. A
12. B　13. A　14. C　15. A　16. D　17. C　18. C　19. D　20. D　21. C　22. B
23. D　24. C　25. C　26. A　27. C　28. A　29. A　30. A　31. A　32. D　33. A

四、画受力图

1. 已知各结构、机构如图,图中未画出重力的物体重量均为不计,所有接触均为光滑接触,试画出各图中物体 A、ABC 或物体 AB、AC 的受力图。

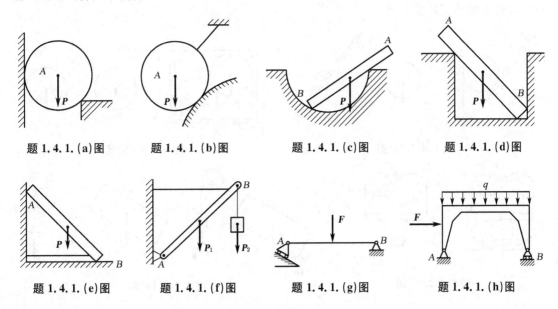

题 1.4.1.(a)图　　题 1.4.1.(b)图　　题 1.4.1.(c)图　　题 1.4.1.(d)图

题 1.4.1.(e)图　　题 1.4.1.(f)图　　题 1.4.1.(g)图　　题 1.4.1.(h)图

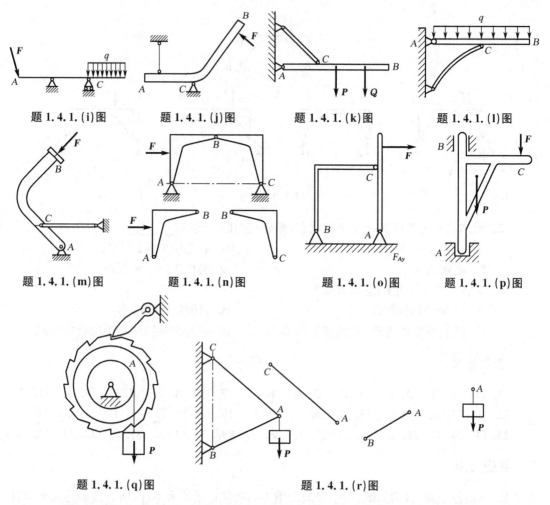

题 1.4.1.(i)图　题 1.4.1.(j)图　题 1.4.1.(k)图　题 1.4.1.(l)图

题 1.4.1.(m)图　题 1.4.1.(n)图　题 1.4.1.(o)图　题 1.4.1.(p)图

题 1.4.1.(q)图　题 1.4.1.(r)图

2. 已知各结构、机构如图,其他条件与上题相同,试画出各标注字符的物体的受力图及(a)(r)各小题的整体受力图。

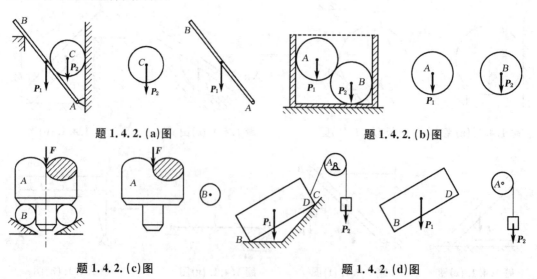

题 1.4.2.(a)图　题 1.4.2.(b)图

题 1.4.2.(c)图　题 1.4.2.(d)图

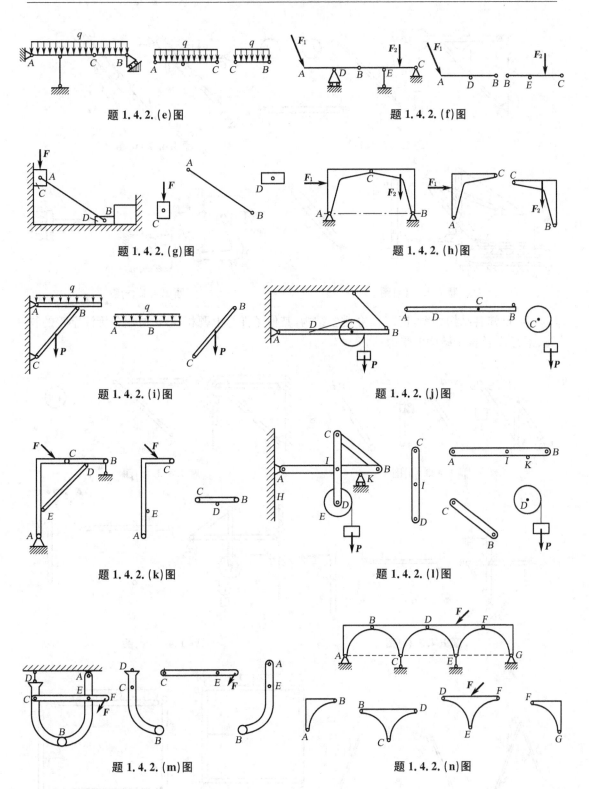

题 1.4.2.(e)图　　题 1.4.2.(f)图

题 1.4.2.(g)图　　题 1.4.2.(h)图

题 1.4.2.(i)图　　题 1.4.2.(j)图

题 1.4.2.(k)图　　题 1.4.2.(l)图

题 1.4.2.(m)图　　题 1.4.2.(n)图

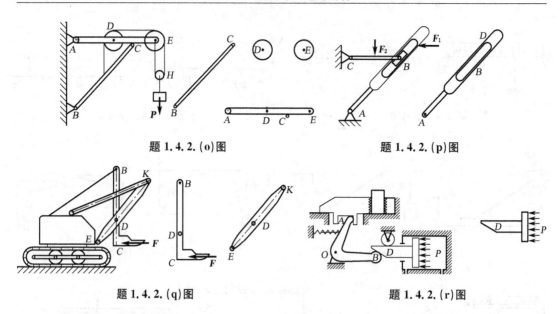

题 1.4.2.(o)图　　　　　题 1.4.2.(p)图

题 1.4.2.(q)图　　　　　题 1.4.2.(r)图

3. 已知各结构如图，销钉 A 穿透各结构，其他条件与上题相同，试画出各标注字符的物体、销钉 A 及整个结构的受力图。

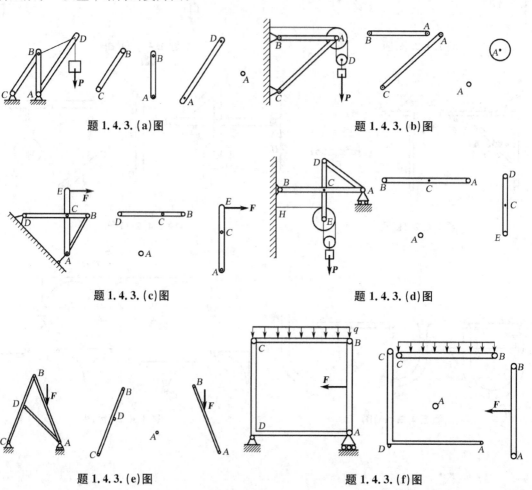

题 1.4.3.(a)图　　　　　题 1.4.3.(b)图

题 1.4.3.(c)图　　　　　题 1.4.3.(d)图

题 1.4.3.(e)图　　　　　题 1.4.3.(f)图

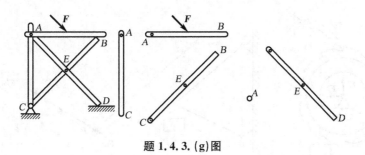

题 1.4.3.(g)图

参考解答:

1. 解答:

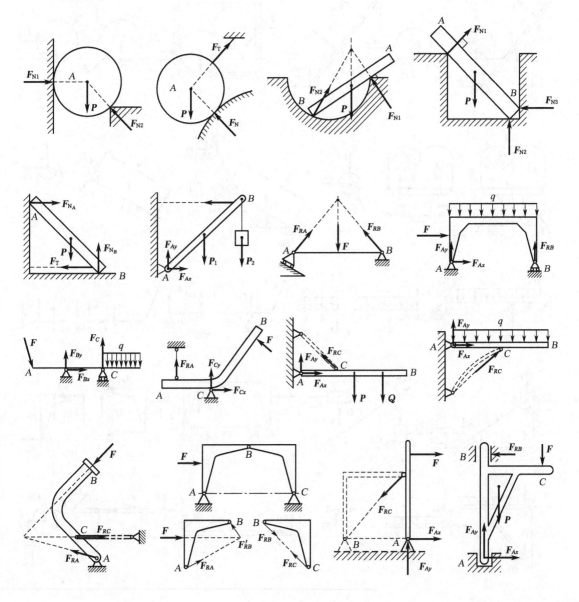

2. 解答：

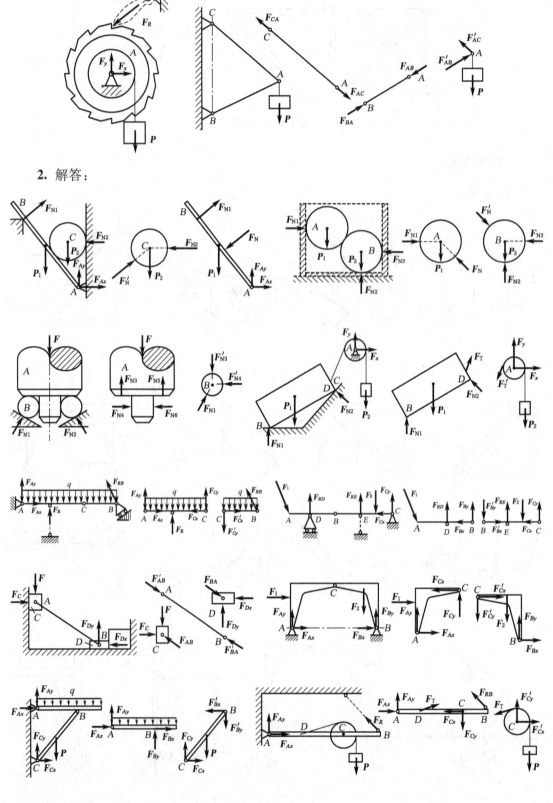

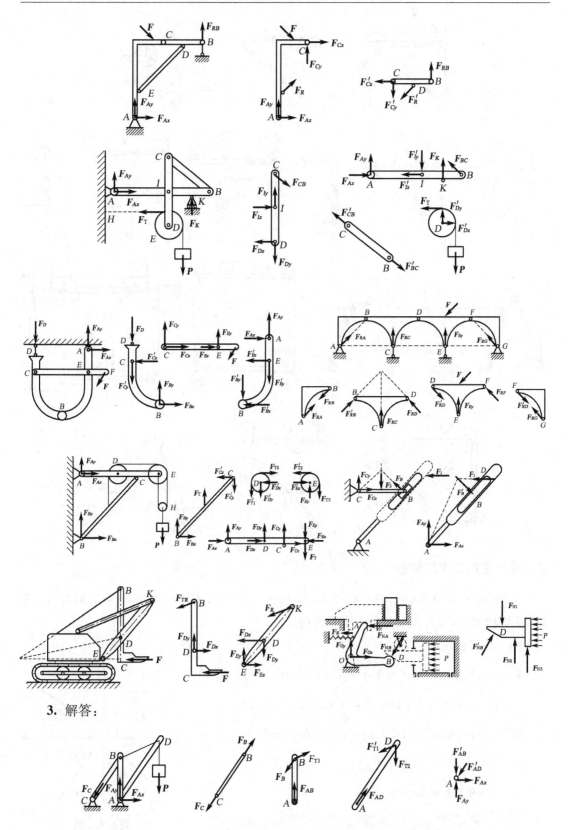

3. 解答：

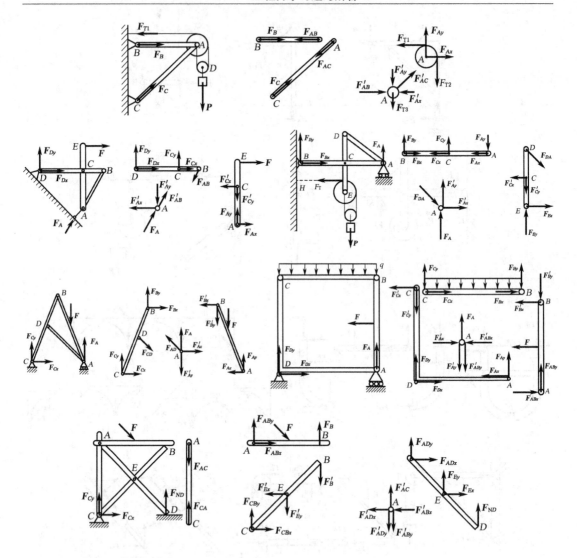

五、综合应用习题与解答

1. 已知 $F_1 = 2\,000$ N, $F_2 = 1\,500$ N, $F_3 = 2\,500$ N, $F_4 = 3\,000$ N,各力的方向如题 1.5.1 图所示,求力系合力 R 的大小及方向。

解 由解析法,有

$$R_x = -F_1\cos 30° + 0 + F_3\cos 45° + F_4\cos 60°$$
$$= -1\,000\sqrt{3} + 1\,250\sqrt{2} + 1\,500 = 1\,535.5 \text{ N}$$

$$R_y = -F_1\sin 30° - F_2 + F_3\sin 45° - F_4\sin 60°$$
$$= -1\,000 - 1\,500 + 1\,250\sqrt{2} - 1\,500\sqrt{3}$$
$$= -3\,332.5 \text{ N}$$

$$R = \sqrt{R_x^2 + R_y^2} = \sqrt{1\,535.5^2 + 3\,332.5^2} = 3\,669 \text{ N}$$

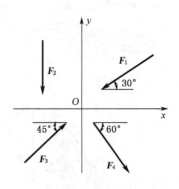

题 **1.5.1** 图

$$\alpha = \arctan\left|\frac{3\,332.5}{1\,535.5}\right| = \arctan 2.170 \quad \alpha = 65°16'$$

指向第四象限。

2. 如题 1.5.2 图所示力系，已知：$F_1 = 100$ N，$F_2 = 50$ N，$F_3 = 50$ N，求：力系的合力。

解 由解析法，有

$$F_{Rx} = \sum F_x = F_2\cos\theta + F_3 = 80 \text{ N}$$

$$F_{Ry} = \sum F_y = F_1 + F_2\sin\theta = 140 \text{ N}$$

故 $$F_R = \sqrt{F_{Rx}^2 + F_{Ry}^2} = 161.2 \text{ N}$$

$$\theta = \arctan\left|\frac{F_{Ry}}{F_{Rx}}\right| = \arctan\left|\frac{140}{80}\right| = \arctan 1.75 = 60°16'$$

指向第一象限。

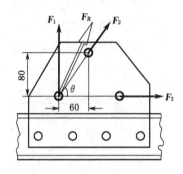

题 **1.5.2** 图

3. 如题 1.5.3 图所示力系，已知：$F_1 = 2\,000$ N，$F_2 = 2\,500$ N，$F_3 = 1\,500$ N，求：力系的合力。

解 由解析法，有

$$F_{Rx} = \sum F_x = -F_1 - F_2\cos 40° = -3\,915 \text{ N}$$

$$F_{Ry} = \sum F_y = -F_2\sin 40° - F_3 = -3\,107 \text{ N}$$

故 $$F_R = \sqrt{F_{Rx}^2 + F_{Ry}^2} = 5\,000 \text{ N}$$

$$\theta = \arctan\left|\frac{F_{Ry}}{F_{Rx}}\right| = \arctan\left|\frac{-3\,107}{-3\,915}\right| = \arctan 0.793\,6 = 38°28'$$

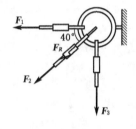

题 **1.5.3** 图

指向第三象限。

4. 如题 1.5.4 图所示扳手，已知扳手受力及尺寸，求：(1) 当 $\theta = 75°$ 时，此力对螺钉中心 A 之矩；(2) 当 θ 角为何值时，该力矩的绝对值为最小；(3) 当 θ 角为何值时，该力矩为最大值。

解 (1) $\theta = 75°$ 时，有

$$M_O(F) = 80\sin\theta(250 + 30\cos 53.13°)$$

$$- 80\cos\theta \cdot 30\sin 53.13° = 20.21 \text{ N} \cdot \text{m}$$

(2) 当力沿 OA 作用时，$M_O(F) = 0$ 为最小，此时由

$$\frac{\sin\theta}{30} = \frac{\sin(53.13° - \theta)}{250}$$

得 $$\theta = 5.12°$$

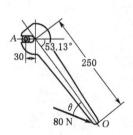

题 **1.5.4** 图

(3) 当力垂直于 OA 时,$M_O(F)$ 最大,此时得
$$\theta = 90° + 5.12° = 95.12°$$

5. 题 1.5.5 图所示各力,已知:力 F 与各尺寸,求:下列各情况下力对 O 点的力矩。

解 (a) $M_O(F) = 0$ (b) $M_O(F) = Fl$

(c) $M_O(F) = -Fb$ (d) $M_O(F) = Fl\sin\theta$

(e) $M_O(F) = F\sin\beta\sqrt{l^2+b^2}$ (f) $M_O(F) = F(l+r)$

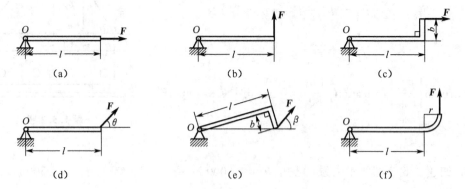

题 1.5.5 图

第二章 平面力系

一、判断题

1. 平面一般力系的合力对作用面内任一点的矩,等于力系中各力对同一点的矩的代数和。 （ ）
2. 如果作用在刚体上的力系的主矢等于零,即力多边形自行封闭,则此力系平衡。 （ ）
3. 平行力系中心只与力系各力的大小和作用点有关,而与各力的方向无关。 （ ）
4. 力偶系的主矢为零。 （ ）
5. 若一平面力系对某点之主矩为零,主矢也为零,则该力系为一平衡力系。 （ ）
6. 如图所示,刚体在 A、B、C 三点受 F_1、F_2、F_3 三个力的作用,则该刚体处于平衡状态。 （ ）
7. 力多边形封闭,则该力系必平衡。 （ ）
8. 平面任意力系简化的最后结果可得一个力和一个力偶。 （ ）
9. 当平面一般力系对某点的主矩为零时,该力系向任一点简化的结果必为一个合力。 （ ）

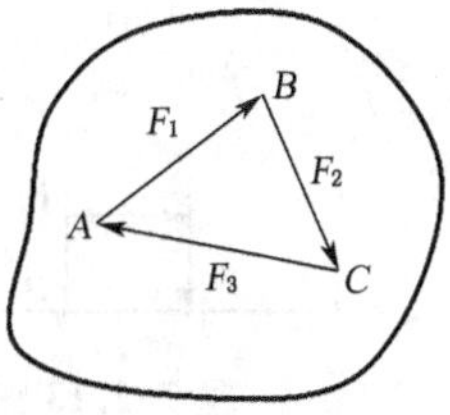

题 2.1.6 图

10. 某力系在任意轴上的投影都等于零,则该力系一定是平衡力系。 （ ）
11. 超静定问题在理论力学中无法求解,材料力学中应用变形协调关系,该问题就可迎刃而解。 （ ）
12. 当摩擦力不为零时物体就会运动。 （ ）
13. 当摩擦力不为零时物体就一定有运动趋势。 （ ）
14. 当摩擦力为零时物体就不会运动。 （ ）

参考答案:

1. 对 2. 错 3. 对 4. 对 5. 对 6. 错 7. 错 8. 错 9. 错 10. 错
11. 对 12. 错 13. 错 14. 错

二、填空题

1. 若有一平面汇交力系已求得 $\sum F_x$ 和 $\sum F_y$,则合力大小 $R =$ _____。
2. 平面汇交力系的合力,其作用线通过_____,其大小和方向可用力多边形的_____表示。
3. 平面汇交力系平衡的解析条件是_____。

4. 平面汇交力系,有_____个独立的平衡方程,可求解_____个未知量。

5. 平面力偶系平衡的充分和必要条件是_____。

6. 平面力偶系有_____个独立的平衡方程。

7. 平面平行力系,有_____个独立的平衡方程,可求解_____个未知量。

8. 平面任意力系,有_____个独立的平衡方程,可求解_____个未知量。

9. 利用二矩式 $\sum F_x = 0$、$\sum M_A(F) = 0$、$\sum M_B(F) = 0$ 解决平面任意力系的平衡问题时,需增加附加条件:AB 两点连线不得垂直于_____坐标轴,不平行于_____坐标轴。

10. 利用三矩式 $\sum M_A(F) = 0$、$\sum M_B(F) = 0$、$\sum M_C(F) = 0$ 解决平面任意力系的平衡问题时,需要增加附加条件:A、B、C 三点不能_____。

11. 平面任意力系向作用面内指定点简化的结果可能有_____种情况,这些情况是:主矢_____零、主矩_____零;主矢_____零、主矩_____零;主矢_____零、主矩_____零;主矢_____零、主矩_____零。(填"等于"或者"不等")

12. 平面任意力系简化的最终结果有_____、_____和_____。

13. 如题 2.2.13 图所示,A、B 两点的距离 $a = 10$ cm,$P = 15$ kN,欲将 P 力从 B 点平移到 A 点,得到的力 $P' =$ _____,附加力偶矩 $m_A =$ _____。

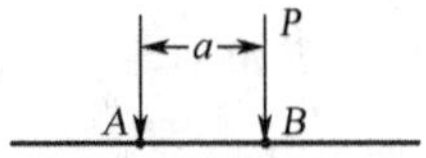

题 2.2.13 图 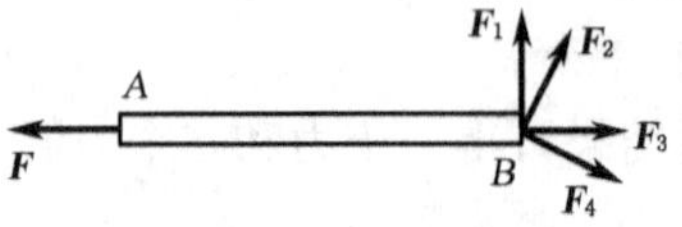   题 2.2.14 图 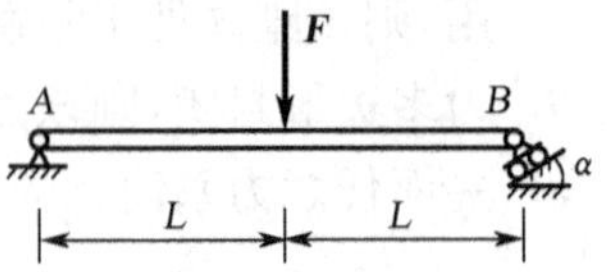   题 2.2.15 图

14. 如题 2.2.14 图所示 AB 杆,自重不计,在五个力作用下处于平衡状态。则作用于 B 点的四个力的合力 $F_R =$ _____,方向沿_____。

15. 如题 2.2.15 图所示,系统只受力 F 作用而处于平衡。欲使 A 支座约束反力的作用线与 AB 成 30°角,则斜面的倾角 α 应为_____。

16. 判断图示各平衡结构是静定的还是静不定的,并确定静不定次数。图(a)_____,图(b)_____,图(c)_____。

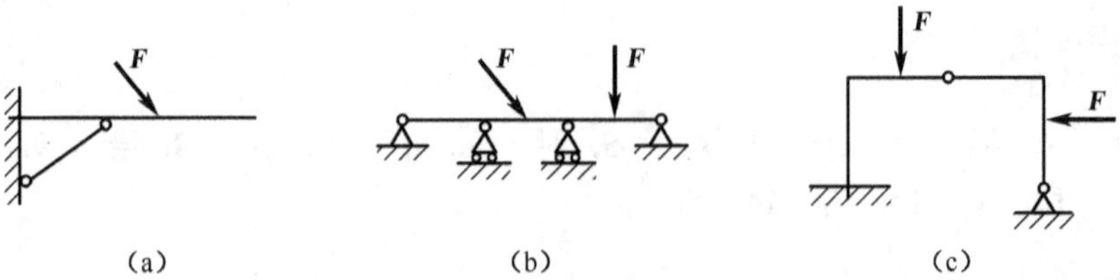

(a)   (b)   (c)

题 2.2.16 图

参考答案:

1. $\sqrt{\left(\sum F_x\right)^2 + \left(\sum F_y\right)^2}$ 2. 汇交点;封闭边   3. $\sum F_x = 0$,$\sum F_y = 0$ 4. 2;

2　5. 力偶系合力偶的矩为零　6. 1　7. 2；2　8. 3；3　9. x；y　10. 共线　11. 四；等于；等于；不等于；等于；等于；不等于；不等于；不等于　12. 合力；合力偶；平衡　13. 15 kN；−1500 N·m　14. F；AB 杆向右　15. 60°　16. 静不定，一次；静不定，三次；静不定，一次

三、选择题

1. 下列_____是正确的。
①受两个力作用的刚体平衡的充分与必要条件是：力的大小相等，力的方向相反，力的作用线相同；②平面力偶系平衡的充分与必要条件是：力偶系的合力偶矩等于零；③平面汇交力系平衡的充分与必要条件是：力系的合力等于零；④平面一般力系平衡的充分与必要条件是：力系的合力等于零。
　　A. ①②③　　　　B. ②③④　　　　C. ①②④　　　　D. ①②③④

2. _____是平面一般力系简化的基础。
　　A. 二力平衡公理　　　　　　　　B. 力的可传性定理
　　C. 作用和与反作用公理　　　　　D. 力的平移定理

3. 作用在刚体上的力可以等效地向任意点平移，但需附加一力偶，其力偶矩矢量等于原力对平移点的力矩矢量。这是_____。
　　A. 力的等效定理　　　　　　　　B. 力的可传性定理
　　C. 附加力偶矩定理　　　　　　　D. 力的平移定理

4. 若刚体受三个力作用而平衡，且其中有两个力相交，则这三个力_____。
　　A. 必定在同一平面内　　　　　　B. 必定有二力平行
　　C. 必定互相垂直　　　　　　　　D. 都不对

5. 若刚体受三个力作用而平衡，且其中有两个力相交，则这三个力_____。
　　A. 必定互相垂直　　　　　　　　B. 必定有二力平行
　　C. 必定汇交于一点　　　　　　　D. 都不对

6. 平面平行力系有_____个独立的平衡方程，平面汇交力系有个_____独立的平衡方程。
　　A. 3/3　　　　B. 3/2　　　　C. 2/2　　　　D. 2/3

7. 下列_____是正确的。
①力偶无合力，并不是说力偶的效应等于零；②平面力偶系可简化为一个合力偶；③平面汇交力系可简化为一个合力；④任意两个力都可以简化为一个合力。
　　A. ①②③　　　　B. ②③④　　　　C. ①②④　　　　D. ①②③④

8. 下列关于力矩的说法_____是正确的。
①力矩的大小与矩心的位置有很大关系；②力的作用线通过矩心时，力矩一定等于零；③互相平衡的一对力对同一点之矩的代数和为零；④力沿其作用线移动，会改变力矩的大小。
　　A. ①②③　　　　D. ②③④　　　　C. ①②④　　　　D. ①②③④

9. 刚体受三力作用而处于平衡状态，则此三力的作用线_____。
　　A. 必汇交于一点　　　　　　　　B. 必互相平行

C. 必都为零　　　　　　　　　　D. 必位于同一平面内

10. 力偶对物体产生的运动效应为_____。
   A. 只能使物体转动
   B. 只能使物体移动
   C. 既能使物体转动,又能使物体移动
   D. 它与力对物体产生的运动效应有时相同,有时不同

11. 柔索对物体的约束反力,作用在连接点,方向沿柔索_____。
   A. 指向该被约束体,恒为拉力　　B. 背离该被约束体,恒为拉力
   C. 指向该被约束体,恒为压力　　D. 背离该被约束体,恒为压力

12. 作用在变形体上的力是_____,作用在刚体上的力是_____,力系的主矢是_____。
   A. 滑动矢量　　　B. 固定矢量　　　C. 自由矢量

13. 如题 2.3.13 图所示,一球放在 V 形的墙内,球重为 G,墙面光滑,夹角为 60°,则墙对球的作用力为_____。

   A. $\dfrac{1}{2}G$ B. $\dfrac{\sqrt{3}}{2}G$

   C. G　　　　　　　　　　　D. $2G$

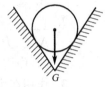

题 2.3.13 图

参考答案:

1. A　**2.** D　**3.** D　**4.** A　**5.** C　**6.** C　**7.** A　**8.** A　**9.** D　**10.** A
11. B　**12.** B, A, C　**13.** C

四、综合应用习题与解答

1. 受压工件如题 2.4.1 图所示,已知力 $F = 400 \text{ N}$,不计工件自重,求:工件对 V 形铁的压力。

解　(1) 取工件为研究对象,受力如图所示。
建立平面直角坐标系 xOy,对受力物体列平衡方程

$$\sum F_x = 0, \quad F_{NA}\cos 60° - F_{NB}\cos 30° = 0$$

$$\sum F_y = 0, \quad F_{NA}\sin 60° + F_{NB}\cos 60° - F = 0$$

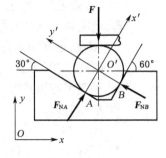

题 2.4.1 图

解得　　　　　　　$F_{NA} = 200\sqrt{3} = 346.4 \text{ N}, \quad F_{NB} = 200 \text{ N}$

(2) 若建立 $x'O'y'$ 平面直角坐标系,则列平衡方程有

$$\sum F_{x'} = 0, \quad F_{NA} - F\cos 30° = 0$$

$$\sum F_{y'} = 0, \quad F_{NB} - F\sin 30° = 0$$

可解得同样的结果。

由作用与反作用关系可得,工件对 V 形铁的压力为 $F'_{NA} = 346.4 \text{ N}, F'_{NB} = 200 \text{ N}$。

2. 三角支架简易起重机如题 2.4.2(a)图所示。已知吊重 $P = 20 \text{ kN}$，不计杆重和滑轮尺寸，求：杆 AB 和 BC 所受的力。

解 取滑轮 B 为研究对象，作受力分析图，如图(b)所示，$F = P$，建立 xOy 坐标系，列平衡方程，由 $\sum F_x = 0$，$\sum F_y = 0$，分别有

$$-F_{BA} - F_{BC}\cos 30° - F_T \sin 30° = 0$$
$$-F_{BC}\sin 30° - F_T\cos 30° - F = 0$$
$$F_T = F$$

解得

$$F_{BC} = -74.64 \text{ kN}(压)$$
$$F_{BA} = 54.64 \text{ kN}(拉)$$

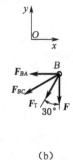

题 2.4.2 图

由作用反作用关系知，AB 杆受拉力 54.64 kN，BC 杆受压力 74.64 kN。

3. 气压夹具如题 2.4.3(a)图所示，已知汽缸直径 $D = 120 \text{ mm}$，气压 $p = 6 \text{ N/mm}^2$，压杆 AB、BC 与水平线的夹角 $\alpha = 30°$，各杆自重不计。求：机构的夹紧力 F。

解 (1) 取销钉 B 为研究对象，受力如图(b)所示，气体压力 $F_1 = 6\pi \dfrac{D^2}{4} = 21.6\pi \text{ kN}$，建立 xOy 平面直角坐标系，对 B 点列平衡方程

$$\sum F_x = 0, \quad F_{BA}\cos 30° - F_{BC}\cos 30° = 0$$
$$\sum F_y = 0, \quad -F_{BA}\sin 30° - F_{BC}\sin 30° + F_1 = 0$$

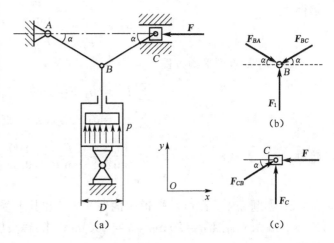

题 2.4.3 图

解出

$$F_{BC} = F_{BA} = F_1$$

(2) 取滑块 C 为研究对象，受力如图(c)所示，列平衡方程

$$\sum F_x = 0, \quad -F + F_{CB}\cos 30° = 0$$
$$F = 58.76 \text{ kN}$$

机构夹紧力为 $F = 58.76 \text{ kN}$。

4. 拔桩机构如题 2.4.4 图所示。已知 $F = 800 \text{ N}$，$\theta = 0.1 \text{ rad}$，$\tan\theta \approx \theta$，求：绳 AB 作用于桩上的拉力。

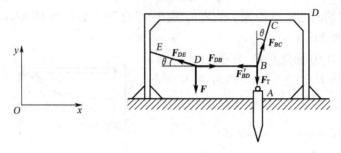

题 2.4.4 图

解 分别取结点 D、B 为研究对象，受力如图所示，图中 $F_{BD} = F'_{BD}$，建立平面直角坐标系 xOy。

（1）对 D 点列平衡方程

$$\sum F_x = 0, \quad F_{DB} - F_{DE}\cos\theta = 0$$

$$\sum F_y = 0, \quad F_{DE}\sin\theta - F = 0$$

解得

$$F_{DB} = \frac{F}{\tan\theta}$$

$$F_{DB} = F'_{BD}$$

（2）对 B 点列平衡方程

$$\sum F_x = 0, \quad F_{BC}\sin\theta - F'_{BD} = 0$$

$$\sum F_y = 0, \quad F_{BC}\cos\theta - F_T = 0$$

解得

$$F_T = \frac{F'_{BD}}{\tan\theta} = \frac{F}{\tan^2\theta} = \frac{800}{0.1^2} = 80 \text{ kN}$$

5. 如题 2.4.5 图所示轨道中的锤头，已知其上受的力 $F = F' = 1\,000$ kN，距离 $e = 20$ mm，$h = 200$ mm，求：锤头加给两侧导轨的压力。

解 锤头受力如图，这是个力偶系的平衡问题，

由

$$\sum M_i = 0, \quad Fe - F_{N1}h = 0$$

解得

$$F_{N1} = F_{N2} = \frac{Fe}{h} = \frac{1\,000 \times 20}{200} = 100 \text{ kN}$$

由作用反作用关系知，锤头加给两侧轨道的压力为 100 kN。

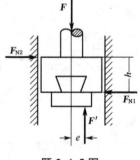

题 2.4.5 图

6. 飞机简图如题 2.4.6 图所示，已知 $d = 2.5$ m，螺旋桨不转时地秤的读数为 $F_{B1} = 4.6$ kN，螺旋桨旋转时地秤的读数为 $F_{B2} = 6.4$ kN。求：螺旋桨受的空气阻力偶矩 $M_{阻}$。

解 飞机受力如图，F_{B1} 为飞机自重作用在地秤上的力，故飞机自重为 $P = 2F_{B1}$；F_{B2} 是飞机自重与空气阻力偶矩 $M_{阻}$ 同时作用在地秤上的力，由

$$\sum M_A(\boldsymbol{F}) = 0, \quad F_{B2}d - P\frac{d}{2} - M_{阻} = 0$$

得
$$M_{阻} = (F_{B2} - F_{B1})d = 4.5 \text{ kN·m}$$

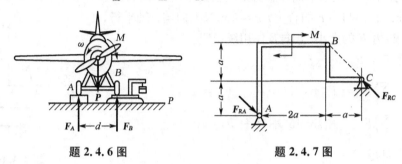

题 2.4.6 图   题 2.4.7 图

7. 题 2.4.7 图所示结构,已知 a 和 M,杆重不计,求:支座 A 和 C 的约束反力。

解 整体受力如图,注意 BC 杆为二力杆,由

$$\sum M_i = 0, \ 2\sqrt{2}aF_{RA} - M = 0$$

解得
$$F_{RA} = F_{RB} = F_{RC} = \frac{M}{2\sqrt{2}a}$$

8. 题 2.4.8 图所示结构,已知 $OA = 0.4 \text{ m}, O_1B = 0.6 \text{ m}$, $M_1 = 1 \text{ N·m}$,不计杆自重;求:M_2 及 AB 杆受力。

解 OA 和 O_1B 分别受力如图,由 $\sum M_i = 0$,分别有

$$F_{AB} \cdot OA \sin 30° - M_1 = 0$$
$$M_2 - F_{BA} \cdot O_1B = 0$$

解得
$$F_{AB} = 5 \text{ N(拉)}$$
$$M_2 = 3 \text{ N·m}$$

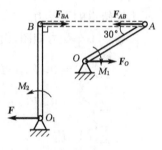

题 2.4.8 图

9. 题 2.4.9(a)图所示结构,已知 $F = 400 \text{ N}$,尺寸如图所示,若系统此时平衡,求:力偶矩 M。

解 滑块 B 受平面汇交力系作用如图(b),由

$$\sum F_y = 0, \ F_{AB} \cos\theta - F = 0$$

得
$$F_{AB} = 200\sqrt{5} \text{ N}$$

对 OA 杆,受力如图(c),由

$$\sum M_i = 0, \ 100 F_{BA} \sin\theta + 100 F_{BA} \cos\theta - M = 0$$

或
$$F_{BA} \cdot OA \cos(45° + \theta) - M = 0$$

解得
$$M = 60 \text{ N·m}$$

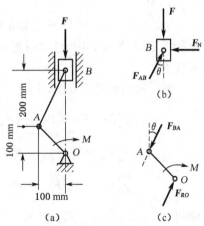

题 2.4.9 图

10. 如题 2.4.10 所示平面任意力系,已知 $F_1 = 40\sqrt{2}$ N, $F_3 = 40$ N, $F_4 = 110$ N, $M = 2\,000$ N·mm,它们与力 F 的合力 $F_R = 150$ N 方向与 x 轴平行,且过 O 点。求:力 F 的大小、方向及作用线位置。

解 设 $\boldsymbol{F} = F_x\boldsymbol{i} + F_y\boldsymbol{j}$

$$\sum F_x = F_1\cos 45° + F_x - F_4 = 150$$

$$\sum F_y = F_1\sin 45° + F_y - F_3 = 0$$

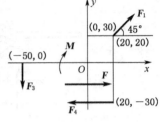

题 2.4.10 图

解此方程组,可得

$$F_y = 0, \ F = F_x = 220 \text{ N}$$

又设 (x, y) 是力 F 作用线上的一点,由

$$M_O = \sum M_O(\boldsymbol{F}) = xF_y - yF_x + 50F_3 - 30F_4 - M = 0$$

解得 $y = -15$ mm,故力 F 如图所示。

11. 如题 2.4.11 所示斜面上的小车,已知自重 $P = 240$ kN, $a = 1$ m, $b = 1.4$ m, $e = 1$ m, $d = 1.4$ m, $\alpha = 55°$。求:钢索的拉力和轨道的支反力。

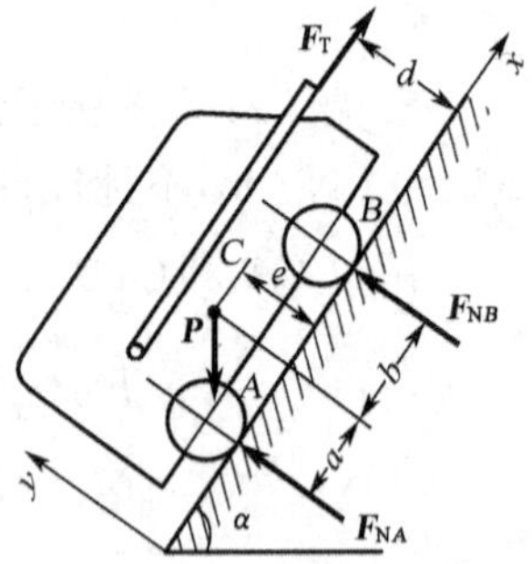

解 小车受力如图,由

$$\sum F_x = 0, \ F_T - P\sin\alpha = 0$$

$$\sum F_y = 0, \ F_{NA} + F_{NB} - P\cos\alpha = 0$$

$$\sum M_A(\boldsymbol{F}) = 0,$$

$$F_{NB}(a+b) - F_T d + eP\sin\alpha - aP\cos\alpha = 0$$

解得 $\quad F_T = 196.6$ kN, $F_{NB} = 90.12$ kN, $F_{NA} = 47.54$ kN

题 2.4.11 图

12. 如题 2.4.12 图所示起重机,轴上 C 处有一凸台阻止构架下滑,尺寸如图,已知吊重 $P = 10$ kN,求:B、C 处的约束反力。

解 起重机受力如图,由

$$\sum M_C(\boldsymbol{F}) = 0, \ 1.4F_{NB} - 1.2P = 0$$

$$\sum F_x = 0, \ F_{Cx} + F_{NB} = 0$$

$$\sum F_y = 0, \ F_{Cy} - P = 0$$

解得 $\quad F_{NB} = 8.571$ kN

$$F_{Cx} = -8.571 \text{ kN}, \ F_{Cy} = 10 \text{ kN}$$

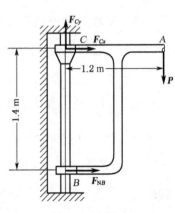

题 2.4.12 图

13. 悬臂梁受力如题 2.4.13 图所示,已知 p、F、l;求:梁根部的支反力。

解 梁受力如图,由

$$\sum F_x = 0, \quad F_x = 0$$

$$\sum F_y = 0, \quad F_y - pl - F = 0$$

$$\sum M_A(\boldsymbol{F}) = 0, \quad M_A - pl \cdot \frac{l}{2} - Fl = 0$$

解得 $\quad F_R = F_y = F + pl \quad M_A = l\left(F + \frac{1}{2}pl\right)$

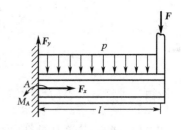

题 2.4.13 图

14. 已知梁重 $P = 5\,000$ N,长为 4 m,$\alpha = 45°$,受力如题 2.4.14 图(a)所示。求:梁保持平衡时的 β 角及 A 与 B 的重量。

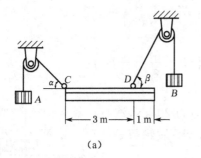

(a)

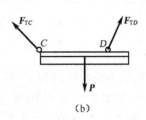

(b)

题 2.4.14 图

解 CD 梁受力如图(b),由

$$\sum M_D(\boldsymbol{F}) = 0, \quad P \cdot 1 - 3F_{TC}\sin\alpha = 0$$

$$\sum F_x = 0, \quad F_{TD}\cos\beta - F_{TC}\cos\alpha = 0$$

$$\sum F_y = 0, \quad F_{TD}\sin\beta + F_{TC}\sin\alpha - P = 0$$

解得 $\quad P_A = F_{TC} = 2\,357$ N,$\beta = 63°26'$

$$P_B = F_{TD} = 3\,727 \text{ N}$$

15. 已知 F、M、p、a,求:分别在题 2.4.15 图(a)、图(b) 情况下,支座 A、B 处的约束反力。

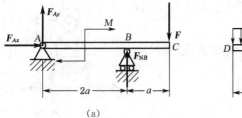

(a)

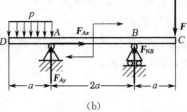

(b)

题 2.4.15 图

解 (a) 水平梁受力如图所示，由 $\sum F_x = 0$，$F_{Ax} = 0$

$$\sum F_y = 0, F_{Ay} + F_{NB} - F = 0$$

$$\sum M_B(\boldsymbol{F}) = 0, -2aF_{Ay} - M - Fa = 0$$

解得 $F_{Ay} = -\dfrac{1}{2}\left(F + \dfrac{M}{a}\right)$，$F_{Ax} = 0$，$F_{NB} = \dfrac{1}{2}\left(3F + \dfrac{M}{a}\right)$

(b) 水平梁受力如图所示，由 $\sum F_x = 0$，$F_{Ax} = 0$

$$\sum F_y = 0, F_{Ay} - pa + F_{NB} - F = 0$$

$$\sum M_B(\boldsymbol{F}) = 0, pa\dfrac{5}{2}a - 2aF_{Ay} - M - Fa = 0$$

解得 $F_{Ay} = -\dfrac{1}{2}\left(F + \dfrac{M}{a} - \dfrac{5}{2}pa\right)$

$F_{Ax} = 0$，$F_{NB} = \dfrac{1}{2}\left(3F + \dfrac{M}{a} - \dfrac{1}{2}pa\right)$

16. 已知汽车前轮压力为 10 kN，后轮压力为 20 kN，汽车前后轮间距为 2.5 m，桥长 20 m，桥重不计。求：后轮与 A 支座距离 x 为多大时，支座 A、B 受力相等。

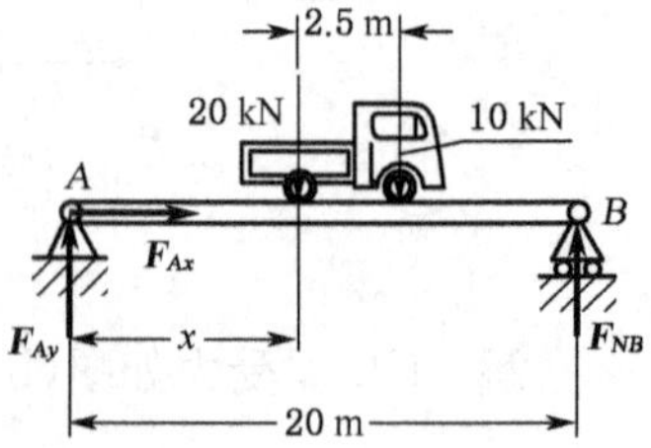

解 选桥为研究对象，受力如图

$$\sum F_x = 0, F_{Ax} = 0$$

$$\sum F_y = 0, F_{Ay} + F_{NB} - 20 - 10 = 0$$

$$\sum M_A(\boldsymbol{F}) = 0, 20F_{NB} - 20x - 10(x + 2.5) = 0$$

令 $F_{Ay} = F_{NB}$，解得

$$F_{Ay} = F_{NB} = 15 \text{ kN}, \quad x = 9\dfrac{1}{6} \text{ m}$$

题 2.4.16 图

17. 简易起重机受力如图 2.4.17 所示，已知 $P = 500$ kN，$P_1 = 250$ kN。求：欲使起重机满载和空载时均不翻倒，平衡锤的最小重量及平衡锤到左轨的最大距离 x 应为多大？

解 起重机整体受力如图所示，满载时要使起重机不翻倒，需同时满足：

$$F_{NA} \geqslant 0$$

和 $\sum M_B(\boldsymbol{F}) = 0,$

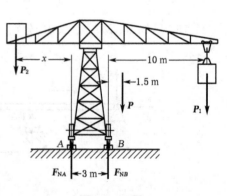

题 2.4.17 图

$$P_2(x+3) - 3F_{NA} - 1.5P - 10P_1 = 0$$

解得 $$P_2(x+3) \geqslant 3\,250 \tag{1}$$

空载时,要使起重机不翻倒,需同时满足

$$\sum M_A(\boldsymbol{F}) = 0, \quad P_2 x + 3F_{NB} - 4.5P = 0$$

和 $$F_{NB} \geqslant 0$$

解得 $$P_2 x \leqslant 2\,250 \tag{2}$$

由(1)、(2)两式得:$P_2 \geqslant 333.3$ kN, $x \leqslant 6.75$ m,即:$P_{2\min} = 333.3$ kN, $x_{\max} = 6.75$ m

18. 连续梁受力如图 2.4.18 所示,已知 $q = 10$ kN/m, $M = 40$ kN·m,梁重不计,求:支座 A、B、C、D 处的受力。

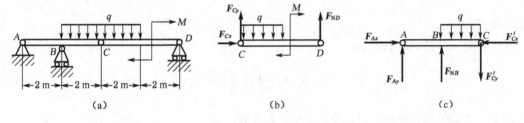

题 2.4.18 图

解 先研究 CD 梁,如图(b),由

$$\sum F_x = 0, \quad F_{Cx} = 0$$

$$\sum F_y = 0, \quad F_{ND} + F_{Cy} - 2q = 0$$

$$\sum M_D(\boldsymbol{F}) = 0, \quad -4F_{Cy} + 2q \cdot 3 - M = 0$$

解得 $F_{ND} = 15$ kN, $F_{Cx} = 0$, $F_{Cy} = 5$ kN

再研究 ABC 梁,如图(c),由

$$\sum F_x = 0, \quad F_{Ax} - F'_{Cx} = 0$$

$$\sum M_B(\boldsymbol{F}) = 0, \quad -2F_{Ay} - 2q \cdot 1 - 2F'_{Cy} = 0$$

$$\sum F_y = 0, \quad F_{Ay} + F_{NB} - 2q - F'_{Cy} = 0$$

解得 $F_{NB} = 40$ kN, $F_{Ax} = 0$, $F_{Ay} = -15$ kN

19. 三铰拱如题 2.4.19 图所示,已知 $P = 300$ kN, $L = 32$ m, $h = 10$ m,求:支座 A、B 的反力。

解 先研究整体如图(a),有

$$\sum F_x = 0, \quad F_{Ax} + F_{Bx} = 0 \tag{1}$$

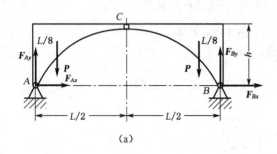
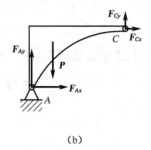

题 2.4.19 图

$$\sum F_y = 0, \quad F_{Ay} + F_{By} - 2P = 0 \tag{2}$$

$$\sum M_A(\boldsymbol{F}) = 0, \quad F_{By}L - P \cdot \frac{7}{8}L - P \cdot \frac{1}{8}L = 0 \tag{3}$$

由后两式,得 $F_{Ay} = F_{By} = 300 \text{ kN}$

再研究 AC 拱,如图(b),由

$$\sum M_C(\boldsymbol{F}) = 0, \quad F_{Ax}h + P \cdot \frac{3}{8}L - F_{Ay} \cdot \frac{L}{2} = 0 \tag{4}$$

解得 $F_{Ax} = 120 \text{ kN}$,再由式(1)得 $F_{Bx} = -120 \text{ kN}$

20. 已知每个球重为 P,半径为 r,圆桶半径为 R,如题 2.4.20 图(a)所示,求:圆桶不致翻倒的最小重量 $P_{\min}$。

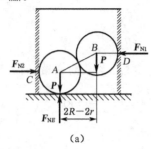
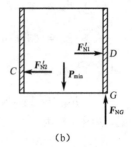

题 2.4.20 图

解 先取 A、B 球为研究对象,受力如图(a),由

$$\sum F_x = 0, \quad F_{N2} - F_{N1} = 0$$

$$\sum M_A(\boldsymbol{F}) = 0, \quad F_{N1} 2\sqrt{2Rr - R^2} - P \cdot 2(R-r) = 0$$

解得

$$F_{N2} = F_{N1} = P \frac{R-r}{\sqrt{2Rr - R^2}}$$

即 F_{N1},F_{N2} 构成一力偶。

圆筒在即将翻倒时,受力如图(b),由

$$\sum M_G(\boldsymbol{F}) = 0, \quad P_{\min}R - F'_{N1} \cdot 2\sqrt{2Rr - R^2} = 0$$

解得
$$P_{\min} = 2P\left(1 - \frac{r}{R}\right)$$

21. 一物块放在斜面上,如题 2.4.21 图所示,已知 P、α、θ 和摩擦角 φ,求:拉动物体时力 F_T 的值及角为何值时,此力为最小。

解 物体受力如图(a),当运动即将发生时,有
$$F_S = f_s F_N = \tan\varphi F_N$$
$$\sum F_x = 0, \quad F_T\cos\theta - F_S - P\sin\alpha = 0$$
$$\sum F_y = 0, \quad F_T\sin\theta + F_N - P\cos\alpha = 0$$

解得,拉动物体时的力至少为

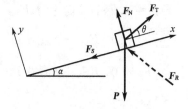

题 2.4.21 图

$$F_T = \frac{P\sin(\alpha + \varphi)}{\cos(\theta - \varphi)}$$

由此式可看出,当 $\theta = \varphi$ 时,F_T 有最小值
$$F_{T\min} = P\sin(\alpha + \varphi)$$

22. 如题 2.4.22 图所示物系,已知 $P_A = 5\,000\,\text{N}$,$P_B = 6\,000\,\text{N}$;A 与 B、B 与地面之间的静滑动摩擦系数分别为 $f_{s1} = 0.1$、$f_{s2} = 0.2$。求:使系统运动的水平力 F 的最小值。

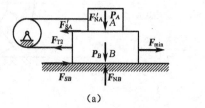

(a)   (b)

题 2.4.22 图

解 在临界状态,对物 A(图(b)),有
$$F_{SA} = f_{s1}F_{NA}$$
$$\sum F_x = 0, \quad F_{SA} - F_{T1} = 0$$
$$\sum F_y = 0, \quad F_{NA} - P_A = 0$$

对物 B(图(a)),有 $F_{T2} = F_{T1}$,且
$$F_{SB} = f_{s2}F_{NB}$$
$$\sum F_y = 0, \quad F_{\min} - F'_{SA} - F_{SB} - F_{T2} = 0$$
$$\sum F_y = 0, \quad F_{NB} - P_B - F'_{NA} = 0$$

解得 $\qquad F_{\min} = 3\,200\text{ N}$

23. 如题 2.4.23 图所示一梯子靠在铅直的墙面上，已知梯子长 l，$\theta = 60°$，梯重 $P = 200\text{ N}$，人重 $P_1 = 650\text{ N}$；A、B 处的摩擦系数均为 $f_s = 0.25$。求：人所能达到的最高点 C 到 A 点的距离 s。

解 整体受力如图，设 C 点为人所能达到的极限位置，此时
$$F_{SA} = f_s F_{NA},\ F_{SB} = f_s F_{NB}$$
$$\sum F_x = 0,\ F_{NB} - F_{SA} = 0$$
$$\sum F_y = 0,\ F_{NA} + F_{SB} - P - P_1 = 0$$
$$\sum M_A(\boldsymbol{F}) = 0,$$
$$-F_{NB}l\sin\theta - F_{SB}l\cos\theta + P\frac{l}{2}\cos\theta + P_1 s\cos\theta = 0$$

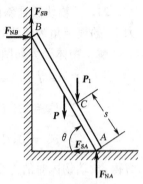

题 2.4.23 图

解得 $\qquad s = 0.456l$

24. 如题 2.4.24 图所示，已知轮重 $P_B = 500\text{ N}$，$R = 200\text{ mm}$，$r = 100\text{ mm}$，轮与地板面间的静摩擦系数 $f_s = 0.25$，墙壁光滑。求：为保持平衡，物 A 的最大重量 P？

解 鼓轮受力如图，在临界状态，有
$$F_{S2} = f_s F_{N2}$$
$$\sum F_y = 0,\ F_{N2} - P_B - P = 0$$
$$\sum M_O(\boldsymbol{F}) = 0,\ F_{S2}R - Pr = 0$$

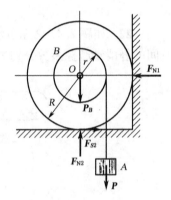

题 2.4.24 图

解得 $\qquad P = 500\text{ N}$

25. 如题 2.4.25 图所示套钩，已知 $d = 300\text{ mm}$，$b = 100\text{ mm}$，$f_s = 0.5$，人重为 P。求：确保安全的最小距离 l？

解 套钩受力如图所示，临界平衡时，有
$$F_{SA} = f_s F_{NA},\ F_{SB} = f_s F_{NB}$$
$$\sum F_x = 0,\ F_{NB} - F_{NA} = 0$$
$$\sum F_y = 0,\ F_{SB} + F_{SA} - P = 0$$
$$\sum M_A(\boldsymbol{F}) = 0,$$
$$F_{SB}d + F_{NB}b - P\left(l + \frac{d}{2}\right) = 0$$

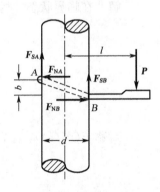

题 2.4.25 图

解得
$$l = \frac{b}{2f_s} = 100 \text{ mm}$$

26. 如题 2.4.26 图所示夹砖夹具，已知砖重 $P = 120$ N，砖夹与砖之间的摩擦系数 $f_s = 0.5$，求：能把砖提起所应有的尺寸 b。

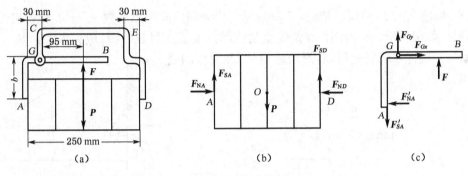

题 2.4.26 图

解 设提起砖时系统处于平衡状态，则由图(a)可知，$F = P$；
接着取砖为研究对象(图(b))，由 $\sum M_O(\boldsymbol{F}) = 0$，可得 $F_{SA} = F_{SD}$

再由
$$\sum F_y = 0, \ P - F_{SA} - F_{SD} = 0$$
$$\sum F_x = 0, \ F_{NA} - F_{ND} = 0$$

得
$$F_{SA} = F_{SD} = \frac{P}{2}, \ F_{NA} = F_{ND}$$

最后研究曲杆 AGB，如图(c)，

由
$$\sum M_G(\boldsymbol{F}) = 0, \ 95F + 30F'_{SA} - bF'_{NA} = 0$$

解出
$$b = \frac{220F'_{SA}}{F'_{NA}}$$

砖不下滑需满足条件
$$F'_{SA} \leqslant f_s F'_{NA}$$

由此两式可得
$$b \leqslant 110 \text{ mm}$$

27. 如题 2.4.27 图所示均质物体，已知与斜面间的摩擦系数 $f_s = 0.4$，求：当斜面倾角逐渐增大时，物体在斜面上翻倒与滑动同时发生时，求：边长 a 与 b 的关系。

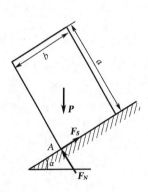

题 2.4.27 图

解 设物块重 P，它将要翻倒时受力如图，由
$$\sum M_A(\boldsymbol{F}) = 0, \ P\sin\alpha \frac{a}{2} - P\cos\alpha \frac{b}{2} = 0$$

解得
$$\frac{b}{a} = \tan\alpha$$

物块即将沿斜面下滑的条件为

$$\alpha = \varphi, \quad 即 \quad \tan\alpha = \tan\varphi = f_s$$

因此 $\dfrac{b}{a} = f_s$，解得 $\quad b = 0.4a$

28. 如题 2.4.28 图所示结构，已知墙壁与滑块间的静摩擦系数 $f_s = 0.5$，各构件自重不计，尺寸如图所示，求：为确保系统安全制动，角 α 以及尺寸比 $l:L$ 应为多大。

解 为确保系统安全制动，滑块应自锁，在滑块的受力图中，应有

$$\alpha < \varphi_m$$

即 $\quad \tan\alpha < \tan\varphi_m = f_s$

而 $\quad \tan\alpha = \dfrac{\sqrt{l^2 - \dfrac{L^2}{4}}}{\dfrac{L}{2}}$

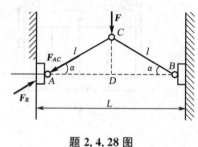

题 2.4.28 图

可解得，$\dfrac{l}{L} < 0.559$，显然还应有

$$\dfrac{L}{2} < l$$

因此为能安全制动，应有 $\quad 0.5 < \dfrac{l}{L} < 0.559$

第三章 空间力系

一、判断题

1. 某空间力系由两个力构成,此二力既不平行,又不相交,则该力系简化的最后结果必为力螺旋。　　　　　　　　　　　　　　　　　　　　　　　（　）
2. 一个空间力系,若各力的作用线不是通过固定点 A,就是通过固定点 B,则其独立的平衡方程只有 5 个。　　　　　　　　　　　　　　　　　　　　（　）
3. 一个空间力系,若各力作用线平行某一固定平面,则其独立的平衡方程最多有 3 个。　　　　　　　　　　　　　　　　　　　　　　　　　　　　　（　）
4. 只要知道力 F 与 x 轴的夹角 α 以及与 y 轴的夹角 β,那么,根据力在空间直角坐标中的投影方法,即可得出此力 F 与 z 轴的夹角的大小。　　　　　　　（　）
5. 已知空间力 F 在坐标 x 轴上的投影和对 x 轴取矩有这样的结果,亦可有 $F(x)=0$, $M(x)=0$,由此可知此力与 x 轴垂直,并位于通过 x 轴的平面上。　　（　）
6. 一个力在某坐标平面上,或者在与力本身平行的平面上,于是称其为平面力,而平面力在空间坐标中就只有一个投影。　　　　　　　　　　　　　　　　（　）
7. 空间汇交力系不可能简化为合力偶。　　　　　　　　　　　　　　　（　）
8. 空间任意力系向某点 O 简化,主矢 $F'_R=0$,主矩 $M_0=0$,则该力系一定有合力。
　　　　　　　　　　　　　　　　　　　　　　　　　　　　　　　　（　）
9. 空间力偶的等效条件是力偶矩大小相等和作用面方位相同。　　　　　（　）
10. 若空间力系各力的作用线都垂直某固定平面,则其独立的平衡方程最多只有 3 个。
　　　　　　　　　　　　　　　　　　　　　　　　　　　　　　　　（　）

参考答案:

1. 对　2. 错　3. 错　4. 错　5. 对　6. 错　7. 对　8. 错　9. 错　10. 错

二、填空题

1. 如题 3.2.1 图所示,已知一正方体,各边长为 a,沿对角线 BH 作用一个大小为 F 的力,该力在 x 轴上的投影为_____;在 y 轴上的投影为_____;在 z 轴上的投影为_____;对 x 轴之矩为_____;对 y 轴之矩为_____;对 z 轴之矩为_____。

2. 过点 $A(3,4,0)$ 的力 F 在轴 x 上的投影 $F_x=20$ N,

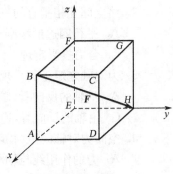

题 3.2.1 图

在轴 y 上的投影 $F_y = 20\text{ N}$,在轴 z 上的投影 $F_z = 20\sqrt{2}\text{ N}$,则该力大小为_____,对 x 轴之矩为_____;对 y 轴之矩为_____;对 z 轴之矩为_____。

3. 力 $\boldsymbol{F}$ 从 A 点 $(3,4,0)$ 指向 B 点 $(0,4,4)$(长度单位为毫米),若 $F = 100\text{ N}$,则该力在 x 轴上的投影为_____;在 y 轴上的投影为_____;在 z 轴上的投影为_____;对 x 轴之矩为_____;对 y 轴之矩为_____;对 z 轴之矩为_____。

4. 空间力系的合力对某轴之矩等于各分力对_____的代数和。空间任意力系向一点简化得到的主矢与简化中心的选择_____关;得到的主矩等于力系各力对简化中心的矩的_____。

5. 空间力系的合力投影定理的含义是:力系的合力在某轴上的投影等于力系各力在_____上投影的代数和。

6. 空间汇交力系合成的结果为一个合力,合力通过力系各力的_____,并等于各分力的_____。

7. 一个平衡的空间汇交力系中各力在空间任一坐标轴上的投影的_____均为零。

8. 空间力系的合力对某轴之矩,等于各分力对_____的代数和。

9. 已知空间一力 F 对直角坐标系的 x、y 轴的矩为零,因而该力 F 应在坐标轴的_____平面上。

10. 工程计算中,往往将空间任意力系的平衡问题转化为_____平面任意力系的平衡问题来求解。

参考答案:

1. $F_x = -\dfrac{\sqrt{3}}{3}F$; $F_y = \dfrac{\sqrt{3}}{3}F$; $F_z = -\dfrac{\sqrt{3}}{3}F$; $m_x(F) = -\dfrac{\sqrt{3}}{3}Fa$; $m_y(F) = 0$; $m_z(F) = \dfrac{\sqrt{3}}{3}Fa$ 2. 40 N; $80\sqrt{2}$ N·mm; $-60\sqrt{2}$ N·mm; -20 N·mm 3. -60 N; 0; 80 N; 320 N·mm; -240 N·mm; 240 N·mm 4. 同一轴之矩;无;代数和 5. 同一轴 6. 汇交点;矢量和 7. 代数和 8. 同一轴之矩 9. xOy 10. 几个

三、选择题

1. 空间一般力系可简化为_____。
   A. 一个汇交力系   B. 一个力偶系   C. 一个平衡力系   D. A 和 B
2. 将空间互相垂直的三个力合成,相当于两次使用平面力系的_____。
   A. 平行四边形法则   B. 力的平移定理
   C. 合力投影定理   D. 力的可传性原理
3. 力对轴之矩正负号规定是_____。
   A. 沿轴的反向看,顺为正   B. 沿轴的正向看,顺为正
   C. 沿轴的反向看,逆为正   D. 沿轴的正向看,逆为正
4. 空间力对轴的矩为零的情况,下列说法不正确的是_____。
   A. 力的作用线与轴相交   B. 力的作用线与轴垂直
   C. 力的作用线与轴平行   D. 外力为零

5. 以下对合力矩定理表述有误的是_____。
   A. 合力矩定理可以计算物体重心
   B. 合力矩定理可以简化力矩的计算
   C. 合力对物体上任一点的矩等于所有分力对同一点的矩的矢量和
   D. 若合力对任一点的矩等于零,则合力必为零

6. 如题3.3.6图所示,力 F 作用在长方体的侧平面内。若以 F_x、F_y、F_z 分别表示力 F 在 x、y、z 轴上的投影,以 $M_x(F)$、$M_y(F)$、$M_z(F)$ 表示力 F 对 x、y、z 轴的矩,则以下表述正确的是_____。
   A. $F_x = 0, M_x(F) \neq 0$ B. $F_y = 0, M_y(F) \neq 0$
   C. $F_z = 0, M_z(F) \neq 0$ D. $F_y = 0, M_y(F) = 0$

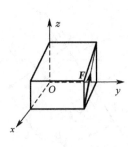

题3.3.6图   题3.3.7图

7. 题3.3.7图示正方体的顶角上作用着六个大小相等的力,此力系向 O 点的简化结果是_____。
   A. 主矢等于零,主矩不等于零   B. 主矢不等于零,主矩也不等于零
   C. 主矢不等于零,主矩等于零   D. 主矢等于零,主矩也等于零

参考答案:

1. D   2. A   3. A、D   4. B   5. C   6. B   7. A

四、综合应用习题与解答

1. 已知 $F_1 = 100$ N,$F_2 = 300$ N,$F_3 = 200$ N,作用位置及尺寸如题3.4.1图所示。求:力系在三个坐标轴上的投影和对三个坐标轴的矩。

   解 力系矢量在各轴上的投影为:

   $$F_{Rx} = \sum F_x = -F_2 \sin\alpha - F_3 \cos\beta = -345.4 \text{ N}$$

   $$F_{Ry} = \sum F_y = F_2 \cos\alpha = 249.6 \text{ N}$$

   $$F_{Rz} = \sum F_z = F_1 - F_3 \sin\beta = 10.56 \text{ N}$$

   力系对三个坐标轴的矩为:

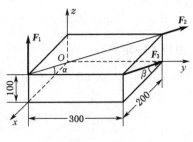

题3.4.1图

$$M_{Ox} = \sum M_x(\boldsymbol{F}) = -F_2\cos\alpha \cdot 100 - F_3\sin\beta \cdot 300 = -51.78 \text{ N} \cdot \text{m}$$

$$M_{Oy} = \sum M_y(\boldsymbol{F}) = -F_1 \cdot 200 - F_2\sin\alpha \cdot 100 = -36.65 \text{ N} \cdot \text{m}$$

$$M_{Oz} = \sum M_z(\boldsymbol{F}) = F_2\cos\alpha \cdot 200 + F_3\cos\beta \cdot 300 = 103.6 \text{ N} \cdot \text{m}$$

2. 已知 $F = 1\,000$ N，作用位置及尺寸如题 3.4.2 图所示，求 $M_z(\boldsymbol{F})$。

解 $$M_z(\boldsymbol{F}) = xF_y - yF_x$$

式中 $$x = -150, \quad y = 150$$

$$F_x = \frac{F}{\sqrt{35}}, \quad F_y = \frac{3F}{\sqrt{35}}$$

代入得 $$M_z(\boldsymbol{F}) = -150 \times 507.1 - 150 \times 169 = -101.4 \text{ N} \cdot \text{m}$$

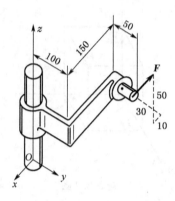

题 3.4.2 图

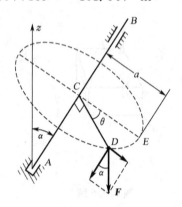

题 3.4.3 图

3. 已知 F、α、θ、$CD = a$，求：力 $\boldsymbol{F}$ 对 AB 轴的矩。

解 力 $\boldsymbol{F}$ 在平面 CDE 内的分力为 $F\sin\alpha$，由合力矩定理得

$$M_{AB}(\boldsymbol{F}) = F\sin\alpha \cdot a\sin\theta = Fa\sin\alpha \cdot \sin\theta$$

4. 已知 r、h，力 $\boldsymbol{F}$ 垂直 OC，作用位置如题 3.4.4 图所示，求：力 $\boldsymbol{F}$ 对 x、y、z 轴的矩。

解 力 $\boldsymbol{F}$ 各分力的大小为

$$F_x = F\cos 60°\cos 30° = \frac{\sqrt{3}}{4}F,$$

$$F_y = -F\cos 60°\sin 30° = -\frac{F}{4}, \quad F_z = -F\sin 60° = -\frac{\sqrt{3}}{2}F$$

由合力矩定理有

$$m_x(\boldsymbol{F}) = F_y h - rF_z\cos 30° = \frac{F}{4}(h - 3r)$$

$$m_y(\boldsymbol{F}) = F_x h + rF_z\sin 30° = \frac{\sqrt{3}}{4}F(h + r)$$

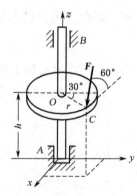

题 3.4.4 图

$$m_z(\boldsymbol{F}) = -rF\cos 60° = -\frac{1}{2}rF$$

5. 已知 $P = 10 \text{ kN}$，空间构架连接如题 3.4.5 图所示，求：球铰链 A、B、C 处的约束反力。

解 三杆均为二力杆，该系统受力如图所示，为一空间汇交力系，列平衡方程有：

$$\sum F_x = 0, \quad F_A\cos 45° - F_B\cos 45° = 0$$

$$\sum F_y = 0, \quad F_A\sin 45°\cos 30° + F_B\sin 45°\cos 30° - F_C\cos 15° = 0$$

$$\sum F_z = 0, \quad F_A\sin 45°\sin 30° + F_A\sin 45°\sin 30° - F_C\sin 15° - P = 0$$

解得 $\quad F_A = F_B = 26.39 \text{ kN}(压)，F_C = 33.46 \text{ kN}(拉)$

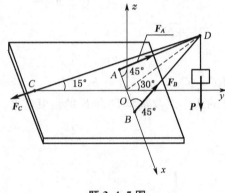

题 3.4.5 图

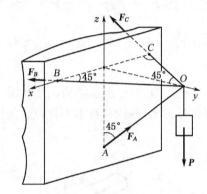

题 3.4.6 图

6. 已知重物重 $P = 1\,000 \text{ N}$，空间构架如题 3.4.6 图所示，求：三杆所受的力。

解 三杆均为二力杆，该系统受力如图所示，为一空间汇交力系，列平衡方程有：

$$\sum F_x = 0, \quad F_B\cos 45° - F_C\cos 45° = 0$$

$$\sum F_y = 0, \quad -F_B\sin 45° - F_C\sin 45° + F_A\sin 45° = 0$$

$$\sum F_z = 0, \quad F_A\cos 45° - P = 0$$

解得 $\quad F_A = 1\,414 \text{ N}(压)，F_B = F_C = 707 \text{ N}(拉)$

7. 已知圆桌半径 $r = 500 \text{ mm}$，桌重为 $P = 600 \text{ N}$，力 $F = 1\,500 \text{ N}$，$\triangle ABC$ 是一等边三角形，如题 3.4.7 图所示。求：使圆桌不致翻倒的最大距离 a。

解 圆桌受力如图，当桌子有翻倒趋势时，$F_C = 0$。

由 $\quad \sum M_{AB}(\boldsymbol{F}) = 0, \quad F\left(a - \dfrac{r}{2}\right) - P \cdot \dfrac{r}{2} = 0,$

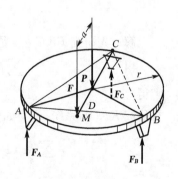

题 3.4.7 图

解得
$$a = 350 \text{ mm}$$

8. 三轮起重机如题 3.4.8 图所示,已知 $AD = DB = 1 \text{ m}$, $CD = 1.5 \text{ m}$, $CM = 1 \text{ m}$, $GH = 0.5 \text{ m}$,机身和平衡锤共重 $P_1 = 100 \text{ kN}$,吊重 $P_2 = 30 \text{ kN}$。求:当平面 LMN 平行于 AB 时,车轮对轨道的压力。

解 以起重机为研究对象,作受力分析图如图,结构受力为空间平行力系,列平衡方程有

$$\sum M_y(\boldsymbol{F}) = 0, -F_C \cdot CD + (P_1 + P_2) \cdot DM = 0$$

$$\sum M_x(\boldsymbol{F}) = 0,$$
$$-F_A \cdot AB - F_C \cdot DB - 3P_2 + 1.5P_1 = 0$$

$$\sum F_z = 0, F_A + F_B + F_C - P_1 - P_2 = 0$$

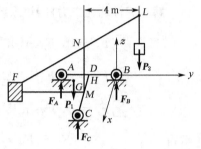

题 3.4.8 图

解得 $F_C = 43\dfrac{1}{3} \text{ kN}$, $F_A = 8\dfrac{1}{3} \text{ kN}$, $F_B = 78\dfrac{1}{3} \text{ kN}$

9. 如题 3.4.9(a) 图示结构,已知 $BK = KC$, $KL = a$, $LD = b$, $DE = c$, $\alpha = 90°$,测力计 B 读数为 F,各构件自重不计;求:扭矩 M 的大小以及轴承 D 和 E 的约束反力。

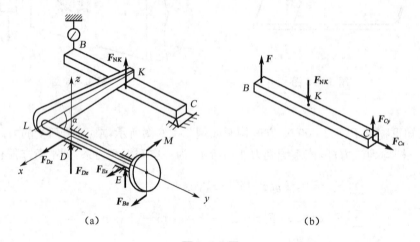

(a)   (b)

题 3.4.9 图

解 先研究 BKC 杆,受力如图(b),

由 $\sum M_C(\boldsymbol{F}) = 0, F_{NK} \cdot KC - F \cdot BC = 0$

解得 $F_{NK} = 2F$

再研究 $KLDE$ 系统,受力如图(a),由

$$\sum M_z(\boldsymbol{F}) = 0, F_{Ex} = 0$$

$$\sum M_y(\boldsymbol{F}) = 0, F_{NK} \cdot KL - M = 0$$

$$\sum M_x(\boldsymbol{F}) = 0, \quad F_{Ez} \cdot DE - F_{NK} \cdot LD = 0$$

$$\sum F_z = 0, \quad F_{Dz} + F_{Ez} + F_{NK} = 0$$

$$\sum F_x = 0, \quad F_{Dx} + F_{Ex} = 0$$

解得 $\qquad M = 2Fa, \quad F_{Ex} = F_{Dx} = 0, \quad F_{Ez} = \dfrac{2bF}{c}, \quad F_{Dz} = -2F\left(1 + \dfrac{b}{c}\right)$

10. 传动轴如题 3.4.10 图所示。已知 $r_1 = 200$ mm, $r_2 = 250$ mm, $c = 1\,000$ mm, $\alpha = 30°$, $a = b = 500$ mm, F_1、F_2 平行于 x 轴, $F_1 = 2F_2 = 5\,000$ N, $F_3 = 2F_4$; 求: 拉力 F_3、F_4 和轴承 A、B 的约束反力。

解 整体受力如图, 由

$$\sum M_y(\boldsymbol{F}) = 0, \quad F_2 r_1 - F_1 r_1 + F_3 r_2 - F_4 r_2 = 0$$

$$\sum M_x(\boldsymbol{F}) = 0,$$

$$F_{Bz}(a+b+c) - (F_3+F_4)(a+c)\cos\alpha = 0$$

$$\sum F_z = 0, \quad F_{Az} + F_{Bz} - (F_3+F_4)\cos\alpha = 0$$

$$\sum M_z(\boldsymbol{F}) = 0,$$

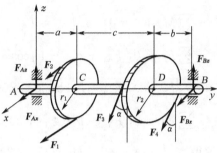

题 3.4.10 图

$$-F_{Bx}(a+b+c) - (F_3+F_4)(a+c)\sin\alpha - (F_1+F_2)a = 0$$

$$\sum F_x = 0, \quad F_{Ax} + F_1 + F_2 + (F_3+F_4)\sin\alpha + F_{Bx} = 0$$

解得 $\qquad F_3 = 4\,000$ N, $F_4 = 2\,000$ N, $F_{Bz} = 3\,897$ N,

$\qquad F_{Az} = 1\,299$ N, $F_{Bx} = -4\,125$ N, $F_{Ax} = -6\,375$ N

11. 已知 $P_1 = 60$ N, 轮的半径是卷筒半径的六倍, 其他尺寸如题 3.4.11 图所示, 求: 重物 P_2 的重量, 以及轴承 A 与 B 的约束反力。

解 设卷筒半径为 r, 该系统受力如图, 图中 $F = P_1$, 由

$$\sum M_y(\boldsymbol{F}) = 0, \quad F \cdot 6r - P_2 r = 0$$

$$\sum M_x(\boldsymbol{F}) = 0,$$

$$1.5 F_{Bz} - 1 \cdot P_2 + 0.5 F \sin 30° = 0$$

$$\sum F_z = 0, \quad F_{Az} + F_{Bz} - P_2 - F\sin 30° = 0$$

$$\sum M_z(\boldsymbol{F}) = 0, \quad -1.5 F_{Bx} + 0.5 F \cos 30° = 0$$

$$\sum F_x = 0, \quad F_{Ax} + F_{Bx} + F\cos 30° = 0$$

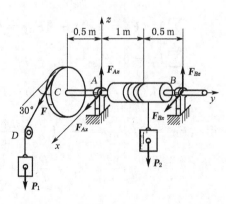

题 3.4.11 图

解得
$$P_2 = 360 \text{ N}, F_{Az} = 160 \text{ N},$$
$$F_{Bz} = 230 \text{ N}, F_{Ax} = -40\sqrt{3} \text{ N}, F_{Bx} = 10\sqrt{3} \text{ N}$$

12. 已知均质长方形薄平板重 $P = 200 \text{ N}$,受力如题 3.4.12 图所示。求:球铰 A、蝶铰 B 的约束反力及绳子的拉力。

解 研究板,受力如图,设 $CD = a$, $BC = b$,由

$$\sum M_y(\boldsymbol{F}) = 0, \ P \cdot \frac{b}{2} - bF_T \sin 30° = 0$$

$$\sum M_x(\boldsymbol{F}) = 0, \ aF_T \sin 30° - P \cdot \frac{a}{2} + F_{Bz}a = 0$$

$$\sum M_z(\boldsymbol{F}) = 0, \ -aF_{Bx} = 0$$

$$\sum F_x = 0, \ F_{Ax} + F_{Bx} - F_T \cos 30° \sin 30° = 0$$

$$\sum F_y = 0, \ F_{Ay} - F_T \cos 30° \cos 30° = 0$$

$$\sum F_z = 0, \ F_{Az} - P + F_T \sin 30° + F_{Bz} = 0$$

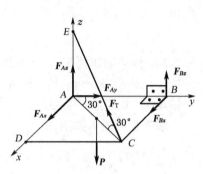

题 3.4.12 图

解得
$$F_T = 200 \text{ N}, F_{Bz} = 0, F_{Bx} = 0$$
$$F_{Ax} = 86.6 \text{ N}, F_{Ay} = 150 \text{ N}, F_{Az} = 100 \text{ N}$$

13. 曲杆受力如题 3.4.13 图所示,已知力偶矩 M_2 与 M_3,曲杆自重不计。求:使曲杆保持平衡的力偶矩 M_1 和支座 A、D 的反力。

解 曲杆整体受力如图,由平衡方程

$$\sum F_x = 0, \ F_{Dx} = 0$$

$$\sum M_y(\boldsymbol{F}) = 0, \ aF_{Az} - M_2 = 0$$

$$\sum F_z = 0, \ F_{Az} - F_{Dz} = 0$$

$$\sum M_z(\boldsymbol{F}) = 0, \ M_3 - aF_{Ay} = 0$$

$$\sum F_y = 0, \ F_{Ay} - F_{Dy} = 0$$

$$\sum M_x(\boldsymbol{F}) = 0, \ M_1 - F_{Dz}b - F_{Dy}c = 0$$

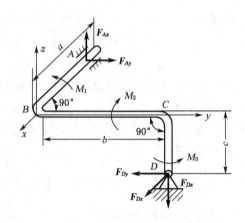

题 3.4.13 图

得 $F_{Dx} = 0, \ F_{Az} = \dfrac{M_2}{a}, \ F_{Dz} = \dfrac{M_2}{a}, \ F_{Ay} = \dfrac{M_3}{a},$

$$F_{Dy} = \frac{M_3}{a}, \ M_1 = \frac{b}{a}M_2 + \frac{c}{a}M_3$$

第四章 重 心

一、综合应用习题与解答

1. 已知薄平板形状与尺寸如题 4.1.1 图所示,求:此薄平板的重心位置。

解 如图所示,把此薄平板分为矩形、三角形与四分之一圆形三部分,其面积和重心坐标分别为

$A_1 = 54\,000 \text{ mm}^2$, $A_2 = 15\,000 \text{ mm}^2$

$A_3 = 7\,854 \text{ mm}^2$

$x_1 = 90$ mm, $x_2 = 246.7$ mm

$x_3 = 180 + \dfrac{\dfrac{2}{3} \times 100\sin 45°}{\dfrac{\pi}{4}} \cos 45° = 222.4$ mm

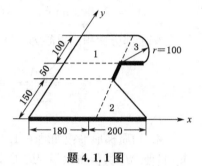

题 4.1.1 图

$y_1 = 150$ mm, $y_2 = 50$ mm

$y_3 = 200 + \dfrac{\dfrac{2}{3} \times 100\sin 45°}{\dfrac{\pi}{4}} \sin 45° = 242.4$ mm

整板重心坐标 $x_C = \dfrac{\sum A_i x_i}{\sum A_i} = 135$ mm, $y_C = \dfrac{\sum A_i y_i}{\sum A_i} = 140$ mm

2. 圆截面的均质钢轴上套有相同钢材的圆环,其尺寸如题 4.1.2 图所示。求其重心 C 到轴端的距离 x_C。

解 将图形分成Ⅰ、Ⅱ、Ⅲ三部分

$x_{C1} = 100$ mm, $x_{C2} = 225$ mm, $x_{C3} = 300$ mm

$A_1 = \dfrac{\pi}{4} \times 200 \times 50^2$, $A_2 = \dfrac{\pi}{4} \times 50 \times 150^2$, $A_3 = \dfrac{\pi}{4} \times 100 \times 50^2$

$x_C = \dfrac{100 \times 200 \times 50^2 + 225 \times 50 \times 150^2 + 300 \times 100 \times 50^2}{200 \times 50^2 + 50 \times 150^2 + 100 \times 50^2} = 201.67$ mm

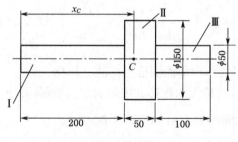

题 4.1.2 图

3. 已知平面图形如题 4.1.3 图所示,题中一方格的边长为 20 mm;求:挖去一圆后剩余部分面积的重心位置。

解 把此平面图形分为一个大的矩形 ABCD 和两个小矩形及一个圆四个部分,其面积和重心坐标分别为

$$A_1 = 22\,400 \text{ mm}^2, \quad x_1 = 80 \text{ mm}, \quad y_1 = 70 \text{ mm}$$
$$A_2 = -2\,400 \text{ mm}^2, \quad x_2 = 140 \text{ mm}, \quad y_2 = 110 \text{ mm}$$
$$A_3 = -1\,600 \text{ mm}^2, \quad x_3 = 40 \text{ mm}, \quad y_3 = 130 \text{ mm}$$
$$A_4 = -400\pi \text{ mm}^2, \quad x_4 = 40 \text{ mm}, \quad y_4 = 60 \text{ mm}$$

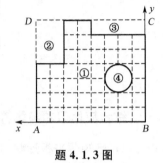

题 4.1.3 图

剩余部分面积的重心为

$$x_C = \frac{\sum A_i x_i}{\sum A_i} = 78.26 \text{ mm}, \quad y_C = \frac{\sum A_i y_i}{\sum A_i} = 59.53 \text{ mm}$$

4. 均质梯形平板如题 4.1.4 图所示。已知:$AD = a$;求:若将此均质梯形板在点 E 挂起,且使 AD 边保持水平,BE 应等于多少?

解 设坐标系如图,要使 AD 边水平,梯形板的重心应在 y 轴上,即 $x_C = 0$;把梯形板分为三角形与矩形两部分,

设 $\qquad EB = x, AB = b$

由 $\qquad x_C = \dfrac{\sum A_i x_i}{\sum A_i} = 0, \dfrac{x}{2} \cdot bx - \dfrac{b}{6}(a-x)^2 = 0$

解出 $\qquad BE = x = 0.366a$

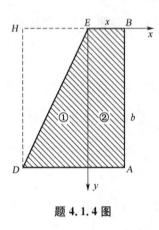 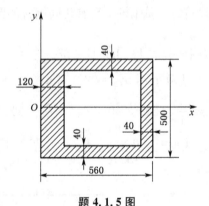

题 4.1.4 图　　　　　　　题 4.1.5 图

5. 求题 4.1.5 图阴影线所示平面图形形心的 x 坐标。

解 将图形分成两块,即最大的矩形和中间的空白矩形,其 x 轴坐标和面积分别为

$$x_{C1} = 280 \text{ mm}, \quad A_1 = 560 \times 500 \text{ mm}^2$$
$$x_{C2} = 320 \text{ mm}, \quad A_2 = -400 \times 420 \text{ mm}^2$$

影线所示平面图形形心的 x 坐标为

$$x_C = \frac{280 \times 560 \times 500 - 320 \times 400 \times 420}{560 \times 500 - 400 \times 420} = 209 \text{ mm}$$

6. 平面桁架由 7 根截面相同的均质杆组成,杆长如题 4.1.6 图所示。如各杆单位长度的质量均相等,求桁架重心的坐标。

解 在图示坐标下各杆的形心坐标为

$x_{C1} = 1\,000 \text{ mm}, x_{C2} = 3\,000 \text{ mm}, x_{C3} = 3\,000 \text{ mm}, x_{C4} = 1\,000 \text{ mm},$

$x_{C5} = 0, x_{C6} = 1\,000 \text{ mm}, x_{C7} = 2\,000 \text{ mm},$

$y_{C1} = 0, y_{C2} = 0, y_{C3} = 750 \text{ mm}, y_{C4} = 2\,250 \text{ mm}, y_{C5} = 1\,500 \text{ mm},$

$y_{C6} = 750 \text{ mm}, y_{C7} = 750 \text{ mm},$

设各杆单位长度上的面积为 A,则各杆的重量为

$$A_1 = A_2 = 2\,000 rA, A_3 = A_4 = A_6 = 2\,500 rA$$

$$A_5 = 3\,000 rA, A_7 = 1\,500 rA$$

由重心坐标公式,有

$$x_C = \frac{rA \times 10^6 [2 + 6 + 7.5 + 5]}{[2 \times 2 + 3 \times 2.5 + 3 + 1.5] \times 10^3 rA} = 1\,281 \text{ mm}$$

$$y_C = \frac{rA \times 10^6 [2.5 \times 0.75 \times 2 + 2.25 \times 2.5 + 1.5 \times 3 + 1.5 \times 0.75]}{rA \times 10^3 \times 16} = 750 \text{ mm}$$

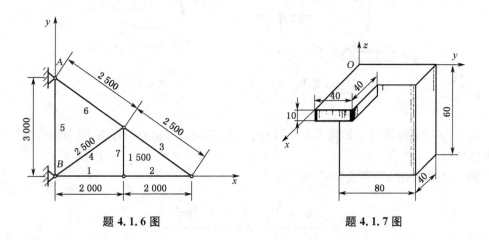

题 4.1.6 图 　　　　　题 4.1.7 图

7. 已知:均质块尺寸如题 4.1.7 图所示,求:均质块重心位置。

解 把此均质块分为两个立方体,其体积和重心坐标分别为

$V_1 = 192\,000 \text{ mm}^3, x_1 = 20 \text{ mm}, y_1 = 40 \text{ mm}, z_1 = (-30) \text{mm}$

$V_2 = 16\,000 \text{ mm}^3, x_2 = 60 \text{ mm}, y_2 = 20 \text{ mm}, z_2 = (-5) \text{mm}$

此均质块重心坐标为

$$x_C = \frac{\sum V_i x_i}{\sum V_i} = 23.1 \text{ mm},$$

$$y_C = \frac{\sum V_i y_i}{\sum V_i} = 38.5 \text{ mm}, \quad z_C = \frac{\sum V_i z_i}{\sum V_i} = -28.1 \text{ mm}$$

8. 已知均质物体尺寸如题 4.1.8 图所示,求:当此物体重心恰好在半球体中心 C 时,圆柱体的高。

解 设图示坐标系原点为 C,则

$$z_C = \frac{\pi r^2 h \dfrac{h}{2} + \dfrac{2}{3}\pi r^3 \left(-\dfrac{3}{8}r\right)}{\pi r^2 h + \dfrac{2}{3}\pi r^3} = 0$$

解得

$$h = \frac{r}{\sqrt{2}}$$

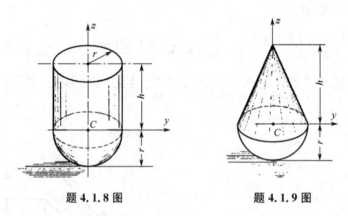

题 4.1.8 图   题 4.1.9 图

9. 已知均质物体尺寸如题 4.1.9 图所示,求:当此物体重心恰好在半圆球体的中心时,圆锥体的高。

解 设图示坐标系原点为 C,则

$$z_C = \frac{\dfrac{1}{3}\pi r^2 h \dfrac{h}{4} + \dfrac{2}{3}\pi r^3 \cdot \left(-\dfrac{3}{8}r\right)}{\dfrac{1}{3}\pi r^2 h + \dfrac{2}{3}\pi r^3} = 0$$

解得

$$h = \sqrt{3}\,r$$

第二篇

运动力学

第二章

緒論

第五章 质点运动力学

一、判断题

1. 质点做直线运动,加速度的反方向与速度方向总是一致的。 (   )
2. 质点做曲线运动,加速度方向总是指向曲线凹的一边。 (   )
3. 物体运动的方向一定和合外力方向相同。 (   )
4. 质心处必定有质量。 (   )
5. 刚体绕固定轴转动时,在每秒内角速度都增加 $\frac{\pi}{2}$ rad·s^{-1},它一定做匀加速度的转动。 (   )
6. 质点做斜抛运动,加速度的方向恒定。 (   )
7. 匀速圆周运动的速度和加速度都恒定不变。 (   )
8. 速度是位矢对时间的一阶导数,方向沿轨道上质点所在处的切线,指向前进的一侧。 (   )
9. 速度是矢量,速率是标量,加速度是标量。 (   )
10. 曲线运动中,质点切向加速度描述速度大小的改变,不影响速度方向;法向加速度描述速度方向的改变,不影响速度的大小。 (   )
11. 点做曲线运动时,点的位移、路程和弧坐标是相同的。 (   )
12. 在直角坐标系中如果 $v_x =$ 常数,$v_y =$ 常数,$v_z =$ 常数,则加速度一定等于零。 (   )
13. 用自然法描述的动点运动方程为 $s=s(t)$,则任意瞬时点的速度、加速度都可以确定,其速度方向总是和运动方向一致。 (   )
14. 一动点做平面曲线运动,若其速率不变,其速度矢量与加速度矢量夹角一定垂直。 (   )

参考答案:

1. 错 2. 对 3. 错 4. 错 5. 错 6. 对 7. 错 8. 对 9. 错 10. 对
11. 错 12. 对 13. 错 14. 对

二、填空题

1. 一质点的运动方程为 $x = 2t$,$y = 19 - 2t^2$(均为国际单位)。则质点的轨迹方程为:_____;$t = 2$ s 时的位置矢量为:_____。
2. 一质点的运动方程为 $x = 2t$,$y = 19 - 2t^2$(均为国际单位)。$t = 2$ s 时的速度为:

_____;前两秒内的平均速度为:_____。

3. 一质点做半径为 R 的圆周运动,在 $t=0$ 时经过 P 点,此后其速率按 $v=A+Bt$ 变化。其中 A 和 B 均为常量,则该质点走过的路程随时间变化的关系为 $s=$_____。该质点沿圆运动一周再经过 P 点时的切向加速度为:$a_t=$_____。

4. 一质点沿半径为 R 的圆周运动,其所转过的角度与时间的函数关系为:$\theta = 10\pi t + \frac{1}{2}\pi t^2$。则质点的角速度为 $\omega=$_____,角加速度为 $\beta=$_____。

5. 一质点沿半径为 R 的圆周运动,其所转过的角度与时间的函数关系为:$\theta = 10\pi t + \frac{1}{2}\pi t^2$。该质点的切向加速度为 $a_t=$_____;法向加速度 $a_n=$_____。

6. 路程是指质点沿_____走过的距离,它是一个_____。

7. 质点在 t 到 $t+\Delta t$ 时间段内的位移是:连接其在 t 时刻的位置和 $t+\Delta t$ 时刻的位置的_____线段。方向由____时刻的位置指向_____时刻的位置。

8. 用 Δs 和 $\Delta \vec{r}$ 分别表示质点在 t 到 $t+\Delta t$ 时间段内的路程和位移,它们之间的区别是:路程是_____量,而位移是_____量。它们之间的联系是:_____。

9. 某质点的运动方程是:$x=6t-t^2$(SI),在 t 由 0 至 4 秒的时间段内,质点位移的大小为_____;质点走过的路程为_____。

10. 一质点沿 x 轴做直线运动的方程为 $x=4.5t^2+2t^3$,其在 1~2 秒内的平均速度为_____;其沿 x 轴正方向运动时做减速运动的时间间隔是 $\Delta t=$_____。

11. 某质点做平面运动,其运动方程为:$\vec{r}=\vec{r}(t)$,速度为:$\vec{v}=\vec{v}(t)$。如果其在运动中有:$\frac{dr}{dt}=0$ 而 $\frac{d\vec{r}}{dt} \neq 0$,则该质点的运动为_____运动。如果其在运动中有:$\frac{dv}{dt}=0$ 而 $\frac{d\vec{v}}{dt} \neq 0$,则该质点的运动为_____运动。

12. 某质点的运动方程为:$x=A\cos\omega t$,$y=A\sin\omega t$,其中 A 和 ω 为常量,该质点所作的运动为_____运动,它的轨迹方程为_____。

13. 某质点以角速度 ω 做半径为 R 的圆周运动,角加速度为 β。该质点的运动速率为_____;其法向加速度的大小为_____,切向加速度的大小为_____。

14. 简谐振动的运动学特征是:质点运动的加速度的大小与其离开_____位移的大小成正比,方向与该位移的方向_____。

15. 点的速度是描述点在某一瞬时运动的_____和_____的物理量。

16. 点的加速度 a 等于点的_____对于时间 t 的导数,或是_____对时间 t 的二次导数。

17. 动静法原理表明质点系中每个质点上_____和假想加上的_____,在形式上组成平衡力系。

18. 质点系运动的每一个瞬时,每个质点的_____与作用于该质点系的_____组成平衡力系。

参考答案:

1. $y = 19 - \frac{1}{2}x^2$;$r = 4i + 11j$ 2. $v = 2i - 8j$;$\langle v \rangle = 2i - 4j$ 3. $At + \frac{1}{2}Bt^2$;B

4. $10\pi + \pi t$；π **5.** πR；$R(10\pi + \pi t)^2$ **6.** 轨迹；标量 **7.** 有向；t；$t+\Delta t$ **8.** 标；矢；$\Delta s = \lim\limits_{\Delta t \to 0}|\Delta \vec{r}|$ **9.** 8 m；10 m **10.** $-0.5\ \mathrm{m\cdot s^{-1}}$；3/4 s **11.** 圆周；匀速率 **12.** 匀速率圆周；$x^2 + y^2 = A^2$ **13.** $R\omega$；$R\omega^2$；$R\beta$ **14.** 平衡位置；相反 **15.** 快慢；方向 **16.** 速度 v；矢径 r **17.** 真实力；惯性力 **18.** 惯性力；外力

三、选择题

1. 用来描写质点运动状态的物理量是_____。
   A. 位置和速度
   B. 位置、速度和加速度
   C. 位置和位移
   D. 位置、位移、速度和加速度

2. 一质点在平面上运动，已知质点位置矢量的表达式为 $\boldsymbol{r} = at^2\boldsymbol{i} + bt^2\boldsymbol{j}$（其中 a、b 为常量），则该质点做_____。
   A. 匀速直线运动
   B. 变速直线运动
   C. 抛物线运动
   D. 一般曲线运动

3. 质点在 xOy 平面内做曲线运动，则对与质点速率有关的下列式子中：

   (1) $v = \dfrac{\mathrm{d}r}{\mathrm{d}t}$ (2) $v = \dfrac{\mathrm{d}|\vec{r}|}{\mathrm{d}t}$ (3) $v = \left|\dfrac{\mathrm{d}\vec{r}}{\mathrm{d}t}\right|$

   (4) $v = \dfrac{\mathrm{d}s}{\mathrm{d}t}$ (5) $v = \sqrt{\left(\dfrac{\mathrm{d}x}{\mathrm{d}t}\right)^2 + \left(\dfrac{\mathrm{d}y}{\mathrm{d}t}\right)^2}$

   正确的是_____。
   A. (1),(2)和(3)
   B. (2),(3)和(4)
   C. (3),(4)和(5)
   D. (2),(4)和(5)

4. 一小球沿斜面向上运动，其运动方程为：$s = 5 + 4t - t^2$。小球运动到最高点的时刻是_____。
   A. $t = 4$ s   B. $t = 2$ s   C. $t = 8$ s   D. $t = 6$ s

5. 在质点的下列运动中，说法正确的是_____。
   A. 匀加速运动一定是直线运动
   B. 在直线运动中，加速度为负，质点必做减速运动
   C. 在圆周运动中，加速度方向总指向圆心
   D. 在曲线运动过程中，法向加速度必不为零（拐点除外）

6. 质点做半径为 R 的变速圆周运动时加速度大小为（v 表示任一时刻质点的速率）_____。
   A. $\dfrac{\mathrm{d}v}{\mathrm{d}t}$ B. $\dfrac{v^2}{R}$ C. $\dfrac{\mathrm{d}v}{\mathrm{d}t} + \dfrac{v^2}{R}$ D. $\sqrt{\left(\dfrac{\mathrm{d}v}{\mathrm{d}t}\right)^2 + \dfrac{v^4}{R^2}}$

7. 下列各种情况中，说法错误的是_____。
   A. 一物体具有恒定的速率，但仍有变化的速度
   B. 一物体具有恒定的速度，但仍有变化的速率
   C. 一物体具有加速度，而其速度可以为零
   D. 一物体速率减小，但其加速度可以增大

8. 一个质点做圆周运动时，下列说法中正确的是_____。

A. 切向加速度一定改变,法向加速度也改变
B. 切向加速度可能不变,法向加速度一定改变
C. 切向加速度可能不变,法向加速度不变
D. 切向加速度一定改变,法向加速度不变

9. 质点做曲线运动,$\vec{r}$ 表示位置矢量,$\vec{v}$ 表示速度,$\vec{a}$ 表示加速度,a_t 表示切向加速度,s 表示路程。下列表达式正确的是_____。

A. $\dfrac{\mathrm{d}v}{\mathrm{d}t} = a$ B. $\dfrac{\mathrm{d}r}{\mathrm{d}t} = v$ C. $\dfrac{\mathrm{d}v}{\mathrm{d}t} = a_t$ D. $\left|\dfrac{\mathrm{d}\vec{v}}{\mathrm{d}t}\right| = a_t$

10. 一运动质点某瞬时位于位置矢量 $\vec{r}(x, y)$ 的端点处,对其速度大小有四种意见:

(1) $\dfrac{\mathrm{d}r}{\mathrm{d}t}$; (2) $\dfrac{\mathrm{d}\vec{r}}{\mathrm{d}t}$; (3) $\dfrac{\mathrm{d}s}{\mathrm{d}t}$; (4) $\sqrt{\left(\dfrac{\mathrm{d}x}{\mathrm{d}t}\right)^2 + \left(\dfrac{\mathrm{d}y}{\mathrm{d}t}\right)^2}$.

下述判断正确的是_____。

A. 只有(1),(2)正确 B. 只有(2),(3)正确
C. 只有(3),(4)正确 D. 只有(1),(3)正确

11. 一质点在平面上做一般曲线运动,其瞬时速度为 $\vec{v}$,瞬时速率为 v,某一段时间内的平均速度为 $\langle\vec{v}\rangle$,平均速率为 $\langle v\rangle$,它们之间的关系必定有_____。

A. $|\vec{v}| = v$, $|\langle\vec{v}\rangle| = \langle v\rangle$ B. $|\vec{v}| \neq v$, $|\langle\vec{v}\rangle| = \langle v\rangle$
C. $|\vec{v}| \neq v$, $|\langle\vec{v}\rangle| \neq \langle v\rangle$ D. $|\vec{v}| = v$, $|\langle\vec{v}\rangle| \neq \langle v\rangle$

12. 质点做以坐标原点为中心的匀速率圆周运动,下列各量

(1) $\lim\limits_{\Delta t \to 0}\dfrac{\Delta r}{\Delta t}$ (2) $\lim\limits_{\Delta t \to 0}\dfrac{\Delta \vec{r}}{\Delta t}$ (3) $\lim\limits_{\Delta t \to 0}\dfrac{\Delta \vec{v}}{\Delta t}$ (4) $\lim\limits_{\Delta t \to 0}\dfrac{\Delta v}{\Delta t}$

在运动中保持中恒定不变的量是_____。

A. (1)和(2) B. (2)和(3)
C. (2)和(4) D. (1)和(4)

13. 一个质点做简谐振动,振幅为 A,在 $t=0$ 的时刻质点离开平衡位置的位移为:$-A/2$,且向 x 轴的正方向运动。下面四个图中代表此简谐振动的旋转矢量为_____。

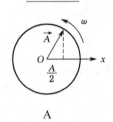 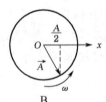 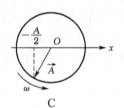 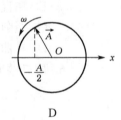

A B C D

14. 已知某质点做简谐振动,在 $t=0$ 时质点的位置位于 x 轴负方向距平衡位置为 $0.5A$ 处(这里 A 为振幅)且向 x 轴的负方向运动。若质点振动的圆频率为 ω。该质点的运动方程为_____。

A. $x = A\cos\left(\omega t - \dfrac{2}{3}\pi\right)$ B. $x = A\cos\left(\omega t + \dfrac{2}{3}\pi\right)$

C. $x = A\cos\left(\omega t - \dfrac{1}{3}\pi\right)$ D. $x = A\cos\left(\omega t + \dfrac{1}{3}\pi\right)$

15. 对平面简谐波,下面说法正确的是_____。
    A. 波长大,波的速度就大
    B. 频率大,波的速度就大
    C. 波长大,频率也大,波的速度就大
    D. 波的速度只与传播波的媒质的情况有关,与波的波长和频率无关

16. 点做曲线运动时,下面那种说法正确_____。
    A. 若切向加速度为正,则点做加速运动
    B. 若切向加速度与速度符号相同,则点做加速运动
    C. 若切向加速度为零,则速度为常矢量
    D. 若切向加速度为负,则点做减速运动

17. 如题 5.3.17 图所示,岸距水面高为 h,岸上有汽车拉着绳子以匀速率 u 向左开行,绳子另一端通过滑轮 A 连于小船 B 上,绳与水面交角为 θ,小船到岸的距离为 s。则 u 与 $\dot{s}$ 的关系为 _____。

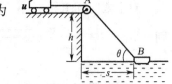

题 5.3.17 图

   A. $u = \dot{s}\cos\theta$
   B. $u = -\dot{s}\cos\theta$
   C. $\dot{s} = u\cos\theta$
   D. $\dot{s} = -u\cos\theta$

18. 下述说法正确的是_____。
    A. 若 $v = 0$,则 a 必等于 0
    B. $a = 0$,则 v 必等于 0
    C. v 与 a 始终垂直,则 v 不变
    D. v 与 a 始终平行,则点的轨迹必为直线

19. 两个做曲线运动的点,初速度相同,任一时刻的切向加速度也大小相同。下述说法正确的是_____。
    A. 任意时刻这两个点的速度大小相同
    B. 任意时刻这两个点的法向加速度大小相同
    C. 两点全加速度大小相同
    D. 任意时刻这两个点的速度方向相同

参考答案:

1. A 2. B 3. C 4. B 5. D 6. D 7. B 8. B 9. C 10. C
11. D 12. D 13. C 14. B 15. D 16. B 17. B 18. D 19. A

四、综合应用习题与解答

1. 如题 5.4.1 图所示,杆 AB 长 l,以等角速度 ω 绕 B 点转动,其转动方程为 $\varphi = \omega t$。而与杆连接滑块 B 按规律 $s = a + b\sin\omega t$ 沿水平线做谐振动,其中 a 和 b 均为常数。求 A 点轨迹。

解 建立运动方程:

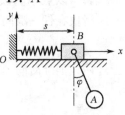

题 5.4.1 图

$$x_A = s + l\sin\varphi = a + (b+l)\sin\omega t$$
$$y_A = -l\cos\omega t$$

消去时间参数 t，得到 A 点轨迹方程：

$$\left(\frac{x_A - a}{b+c}\right)^2 + \left(\frac{y_A}{l}\right)^2 = 1$$

2. 套管 A 由绕过定滑轮 B 的绳索牵引而沿轨道上升，滑轮中心到导轨的距离为 l，如题 5.4.2 图所示，设绳索以等速 v_0 拉下，忽略滑轮尺寸。求套管 A 的速度和加速度与距离 x 的关系式。

解 设 $t=0$ 时，绳上 C 点位于滑轮 B 处，在 t 瞬时如图位置。则 $AB + BC = \sqrt{x^2 + l^2} + v_0 t = \text{const}$（常数），$x$ 随时间 t 变化。

对上式时间求导：

则 $\quad v_A = \dfrac{\mathrm{d}x}{\mathrm{d}t} = -\dfrac{v_0}{x}\sqrt{x^2+l^2} \qquad a_A = \dfrac{\mathrm{d}v_A}{\mathrm{d}t} = \dfrac{\mathrm{d}^2 x}{\mathrm{d}t^2} = -\dfrac{v_0^2 l^2}{x^3}$

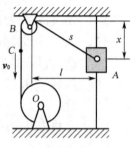

题 5.4.2 图

3. 小环 M 由做平移的丁字杆 ABC 带动，沿着题 5.4.3 图所示曲线轨道运动。设杆 ABC 以速度 v（常数）向左运动，曲线方程为 $y^2 = 2px$。求环 M 的速度和加速度的大小（写成杆的位移 x 的函数形式）。

解 小环运动轨迹方程 $y^2 = 2px$，其中 x、y 随时间变化，对时间 t 求导

$$2y\frac{\mathrm{d}y}{\mathrm{d}t} = 2p\frac{\mathrm{d}x}{\mathrm{d}t} \quad 即 \quad 2yv_y = 2pv_x$$

$$v_y = \frac{p}{y}v_x = \frac{p}{y}v$$

$$v_M = \sqrt{v_x^2 + v_y^2} = v\sqrt{1 + \frac{p}{2x}}$$

$$a_M = \frac{\mathrm{d}^2 y}{\mathrm{d}t^2} = -\frac{pv}{y^2}v_y = -\frac{v^2}{4x}\sqrt{\frac{2p}{x}}$$

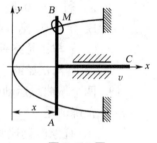

题 5.4.3 图

4. 如题 5.4.4 图所示，一直杆以匀角速度 ω_0 绕其固定端 O 转动，沿此杆有一滑块 M 以匀速 v_0 滑动。设运动开始时，杆在水平位置，滑块在 O 点。求滑块的轨迹（极坐标表达）。

解 以点 O 为极坐标极点，Ox 为极轴

滑块在任一瞬间的位置为：

$$\rho = v_0 t, \quad \varphi = \omega_0 t$$

上述两式消除时间 t，便可得到滑块轨迹方程：

$$\rho = \frac{v_0}{\omega_0}\varphi$$

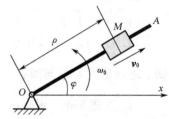

题 5.4.4 图

5. 曲柄滑道机械如题 5.4.5 图所示,已知圆轮半径为 r,对转轴的转动惯量为 J,轮上作用一不变的力偶 M,ABD 滑槽的质量为 m,不计摩擦。求圆轮的转动微分方程。

解 取 C 为动点,动系固连于 ABD 滑槽,C 点的绝对加速度分解为 $\boldsymbol{a}_a^t$、$\boldsymbol{a}_a^n$,滑槽的加速度为 a_e,则

$$a_e = a_a^t \sin\varphi + a_a^n \cos\varphi = r\ddot{\varphi}\sin\varphi + r\dot{\varphi}^2\cos\varphi$$

其中 φ 为任意角。

取 ABD 滑槽为研究对象,由受力分析如图(a)。

惯性力 $F_I = mr\ddot{\varphi}\sin\varphi + mr\dot{\varphi}^2\cos\varphi$

由动静法: $\sum F_x = 0,\ F_I - F_{NC} = 0$

解出 $F_{NC} = m(r\ddot{\varphi}\sin\varphi + r\dot{\varphi}^2\cos\varphi)$

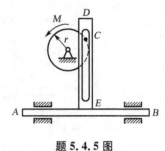

题 5.4.5 图

取圆轮为研究对象,由受力分析如图(b),
惯性力偶矩 $M_I = J\ddot{\varphi}$,

由动静法:

$\sum M_O = 0,\ M - M_I - F'_{NC} r\sin\varphi = 0$

$(J + mr^2\sin^2\varphi)\ddot{\varphi} + mr^2\dot{\varphi}^2\cos\varphi\sin\varphi = M$

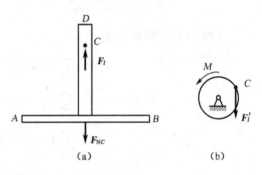

6. 题 5.4.6 图所示为均质细杆弯成的圆环,半径为 r,转轴 O 通过圆心垂直于环面,A 端自由,AD 段为微小缺口,设圆环以匀角速度 ω 绕轴 O 转动,环的线密度为 ρ,不计重力,求任意截面 B 处对 AB 段的约束反力。

解 取图示坐标,分布惯性力向外,由对称性,其合力在 y 轴投影为 0,即

$$F_{Iy} = 0$$

$$F_{Ix} = \int_{-\frac{\pi-\theta}{2}}^{\frac{\pi-\theta}{2}} r\omega^2 \cdot \rho r\mathrm{d}\varphi \cos\varphi = \rho r^2\omega^2 \int_{-\frac{\pi-\theta}{2}}^{\frac{\pi-\theta}{2}} \cos\varphi\mathrm{d}\varphi$$

$$= \rho r^2\omega^2 \cdot 2\sin\frac{\pi-\theta}{2} = 2\rho r^2\omega^2\cos\frac{\theta}{2}$$

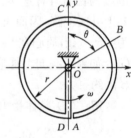

题 5.4.6 图

又,

$\sum M_B = 0,\ M_B = F_{Ix} \cdot r\sin\left(\dfrac{\pi-\theta}{2}\right) = 2\rho r^3\omega^2\cos^2\dfrac{\theta}{2} = \rho\omega^2 r^3(1+\cos\theta)$

$\sum F_t = 0,\ F_{TB} = F_{Ix}\cos\left(\dfrac{\pi-\theta}{2}\right) = F_{Ix}\sin\dfrac{\theta}{2} = \rho\omega^2 r^2(1+\cos\theta)$

$\sum F_n = 0,\ F_{NB} = F_{Ix}\cos\dfrac{\theta}{2} = \rho\omega^2 r^2\sin\theta$

7. 如题 5.4.7 图所示,质量为 m_1 的物体 A 下落时,带动质量为 m_2 的均质圆盘 B 转动,不计支架和绳子的重量及轴上的摩擦,$BC = l$,盘 B 的半径为 R。求固定端 C 的约

束力。

解 (1) 以圆盘为研究对象，$\sum M_B = 0$

$$J_B \alpha + m_1 a \cdot R - m_1 g R = 0$$

$$\frac{1}{2} m_2 R^2 \cdot \frac{a}{R} + m_1 R a - m_1 R g = 0$$

$$a = \frac{2m_1}{m_2 + 2m_1} g$$

$$\sum F_x = 0, \quad F_{Bx} = 0$$

$$\sum F_y = 0, \quad F_{By} - m_2 g + m_1 a - m_1 g = 0$$

$$F_{By} = \frac{3m_1 m_2 + m_2^2}{2m_1 + m_2} g$$

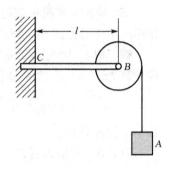

题 5.4.7 图

(2) 以杆为研究对象

$$\sum F_x = 0, \quad F_{Cx} = 0$$

$$\sum F_y = 0, \quad F_{Cy} = \frac{3m_1 m_2 + m_2^2}{2m_1 + m_2} g$$

$$\sum M = 0, \quad M_C = \frac{(3m_1 + m_2) m_2}{2m_1 + m_2} l g$$

8. 如题 5.4.8 图示为升降重物用的叉车，B 为可动圆滚（滚动支座），叉头 DBC 用铰链 C 与铅直导杆连接。由于液压机构的作用，可使导杆在铅直方向上升或下降，因而可升降重物。已知叉车连同铅直导杆的质量为 1 500 kg，质心在 G_1；叉头与重物的共同质量为 800 kg，质心在 G_2。如果叉头向上加速使得后轮 A 的约束力等于零，求这时滚轮 B 的约束力。

解 (1) 整体受力平衡有

$$\sum M_E = 0, \quad m_2(a+g) \times 1.2 = m_1 g \times 1.2$$

$$800(a+g) = 1\,500 g$$

$$a = \frac{7}{8} g$$

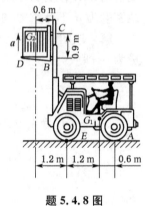

题 5.4.8 图

(2) 由叉头 DBC 受力平衡，有

$$\sum M_C = 0, \quad 0.9 F_B = m_2(a+g) \times 0.6$$

$$F_B = \frac{2}{3} m_2 (a+g) = \frac{2}{3} \times 800 \times \left(\frac{7}{8} + 1\right) \times 9.8 = 9.8 \times 10^3 \text{ N} = 9.8 \text{ kN}$$

9. 如题 5.4.9 图所示均质板质量为 m，放在两个均质圆柱滚子上，滚子质量皆为 $\frac{m}{2}$，

其半径均为 r。如在板上作用一水平力 F，并设滚子无滑动，求板的加速度。

解 设板的加速度为 a，则滚子中心的加速度为 $\frac{a}{2}$。

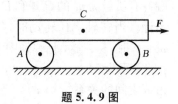

题 5.4.9 图

(1) 取圆柱 A 为研究对象，其惯性力

$$F_{IA} = \frac{m}{2} \cdot \frac{a}{2} = \frac{m}{4}a$$

惯性力偶矩

$$M_{IA} = \frac{1}{2}\left(\frac{m}{2}r^2\right) \cdot \left(\frac{a}{2r}\right) = \frac{m}{8}ra$$

由动静法有

$$\sum M_D = 0, \quad F_{IA} \cdot r + M_{IA} - F'_A \cdot 2r = 0$$

把 F_{IA}，M_{IA} 代入，解得 $F'_A = \frac{3m}{16}a$

(2) 取圆柱 B 为研究对象，同理可得

$$F'_B = \frac{3m}{16}a$$

(3) 取板 C 为研究对象，惯性力 $F_I = ma$，由动静法有

$$F - F_I - F_A - F_B = 0$$

以上结果代入，解出 $a = \dfrac{8F}{11m}$

10. 质点沿着半径为 r 的圆周运动，其加速度矢量与速度矢量间的夹角 α 保持不变。求质点的速度随时间而变化的规律。（已知初速度为 v_0）

解 由题可知速度和加速度有关系如图 5.4.10 所示

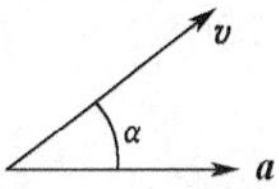

$$\begin{cases} a_x = \dfrac{v^2}{r} = a\sin\alpha \\ a_t = \dfrac{\mathrm{d}v}{\mathrm{d}t} = a\cos\alpha \end{cases}$$

题 5.4.10 图

两式相比得

$$\frac{v^2}{r\sin\alpha} = \frac{1}{\cos\alpha} \cdot \frac{\mathrm{d}v}{\mathrm{d}t}$$

即

$$\frac{1}{r}\cot\alpha\,\mathrm{d}t = \frac{\mathrm{d}v}{v^2}$$

对等式两边分别积分

$$\int_0^t \frac{1}{r}\cot\alpha\,\mathrm{d}t = \int_{v_0}^v \frac{\mathrm{d}v}{v^2}$$

即

$$\frac{1}{v} = \frac{1}{v_0} - \frac{t}{r}\cot\alpha$$

此即质点的速度随时间而变化的规律。

11. 转速表的简化模型如题 5.4.11 图所示。杆 CD 的两端各有质量为 m 的 C 球和 D 球，CD 杆与转轴 AB 铰接，质量不计。当转轴 AB 转动时，CD 杆的转角 φ 就发生变化。设 $\omega=0$ 时，$\varphi=\varphi_0$，且弹簧中无力。弹簧产生的力矩 M 与转角 φ 的关系为 $M=k(\varphi-\varphi_0)$，k 为弹簧刚度。试求角速度 ω 与角 φ 之间的关系。

解 取二球及 CD 杆为研究对象如图，由动静法

$$\sum M_x = 0, \quad M - 2F_I \cdot l\cos\varphi = 0$$

其中惯性力
$$F_I = m \cdot l\sin\varphi \cdot \omega^2$$

代换前式得
$$k(\varphi-\varphi_0) - 2 \cdot m \cdot l\sin\varphi \cdot \omega^2 \cdot l\cos\varphi = 0$$

$$\omega = \sqrt{\frac{k(\varphi-\varphi_0)}{ml^2\sin 2\varphi}}$$

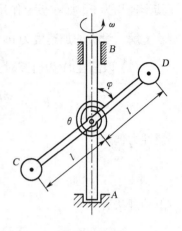

题 5.4.11 图

12. 题 5.4.12 图所示曲柄 OA 质量为 m_1，长为 r，以等角速度 ω 绕水平的 O 轴反时针方向转动。曲柄的 A 端推动水平板 B，使质量为 m_2 的滑杆 C 沿铅直方向运动。忽略摩擦，求当曲柄与水平方向夹角 30°时的力偶矩 M 及轴承 O 的反力。

解 取曲柄 OA 上 A 点为动点，动系固连于滑杆 BC 上，则有

$$a_e = a_a \sin 30° = \frac{1}{2}r\omega^2$$

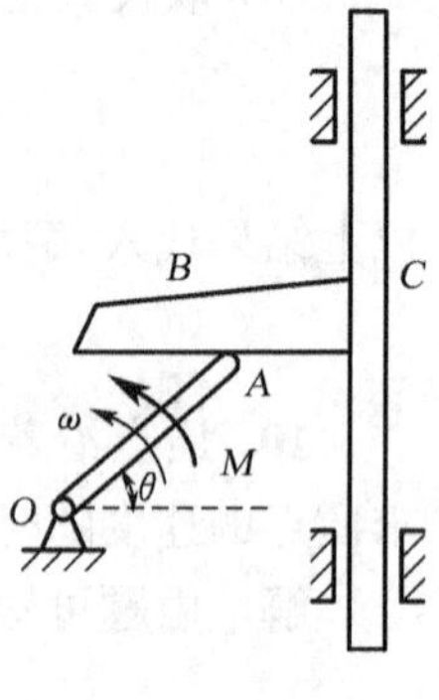

(1) 取滑杆 BC 为研究对象，由动静法

$$\sum F_y = 0, \quad F_N + F_{II} - m_2 g = 0$$

式中
$$F_{II} = m_2 a_e = \frac{m_2 r\omega^2}{2}$$

解出
$$F_N = m_2 g - \frac{m_2}{2}r\omega^2$$

题 5.4.12 图

(2) 取曲柄 OA 为研究对象，由动静法 $\sum M_O = 0$

$$M - F_N \cdot r\frac{\sqrt{3}}{2} - m_1 g \frac{r}{2} \cdot \frac{\sqrt{3}}{2} = 0$$

$$M = \frac{\sqrt{3}}{4}[r(m_1 g + 2m_2 g) - m_2 r^2 \omega^2]$$

$$\sum F_x = 0, \quad -F_{Ox} + F_I \cdot \frac{\sqrt{3}}{2} = 0$$

式中
$$F_I = m_1 \cdot \frac{r\omega^2}{2}$$

代入解出
$$F_{Ox} = \frac{\sqrt{3}}{4}m_1 r\omega^2$$

$$\sum F_y = 0, \ F_{Oy} - F_N + F_I \cdot \frac{1}{2} - m_1 g = 0$$

$$F_{Oy} = m_1 g + m_2 g - \frac{m_1 + 2m_2}{4}r\omega^2$$

13. 三圆盘 A、B 和 C 质量各为 $12\ \text{kg}$，共同固结在 x 轴上，其位置如题 5.4.13 图所示。若 A 盘质心 G 距轴 $5\ \text{mm}$，而盘 B 和 C 的质心在轴上。今若将两个皆为 $1\ \text{kg}$ 的均衡质量分别放在 B 和 C 盘上，问应如何放置可使物系达到动平衡？

解 取整个系统为研究对象，设 D_1、D_2 各为两平衡质量的质心，偏心距分别为 e_1 及 $e_2\ \text{mm}$，偏心方向与 y 方向的夹角分别为 θ、φ，转轴角速度为 ω，则惯性力大小分别为

$$F_I = 12 \times \frac{5}{1\ 000}\omega^2 = \frac{6\omega^2}{100}\ \text{N},$$

$$F_{I1} = 1 \cdot \frac{e_1}{1\ 000}\omega^2 = \frac{e_1\omega^2}{1\ 000}\ \text{N}$$

及

$$F_{I2} = 1 \cdot \frac{e_2}{1\ 000}\omega^2 = \frac{e_2\omega^2}{1\ 000}\ \text{N}$$

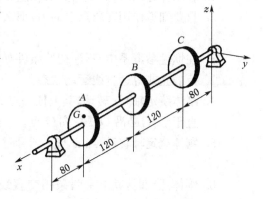

题 5.4.13 图

F_I 平行于 z 轴，又 F_{I1} 与 y 轴夹角为 θ，F_{I2} 与 y 轴夹角为 φ。

根据动静法，系统达到动平衡时，惯性力系应为平衡力系，于是有

$$\sum F_y = 0, \ F_{I1}\cos\theta + F_{I2}\cos\varphi = 0 \tag{1}$$

$$\sum F_z = 0, \ F_I + F_{I1}\sin\theta + F_{I2}\sin\varphi = 0 \tag{2}$$

$$\sum M_y = 0, \ 320F_I + F_{I1}\sin\theta \cdot 200 + F_{I2}\sin\varphi \cdot 80 = 0 \tag{3}$$

$$\sum M_z = 0, \ F_{I1}\cos\theta \cdot 200 + F_{I2}\cos\varphi \cdot 80 = 0 \tag{4}$$

把 F_I、F_{I1}、F_{I2} 代入解得

$$\theta = -\frac{\pi}{2}, \ \varphi = \frac{\pi}{2}, \ e_1 = 120\ \text{mm}, \ e_2 = 60\ \text{mm}$$

可见动平衡时，D_1、D_2 两点到轴的距离分别为 $e_1 = 120\ \text{mm}$，$e_2 = 60\ \text{mm}$。D_1、D_2 在 G 与轴构成的平面内，D_1 与 G 在轴的相反两侧，D_2 与 G 在轴的同侧。

第六章 刚体运动力学

一、判断题

1. 若刚体运动时，其上两点的轨迹相同，则该刚体一定做平行移动。（　）
2. 只要知道作用在质点上的力，那么质点在任一瞬时的运动状态就完全确定了。（　）
3. 在惯性参考系中，不论初始条件如何变化，只要质点不受力的作用，则该质点应保持静止或等速直线运动状态。（　）
4. 刚体绕定轴 Oz 转动，其上任一点 M 的矢径和加速度分别为 OM、a_t、a_n，则 a_t 必垂直于 OM，必沿 OM 指向 O 点。（　）
5. 刚体绕定轴转动，当 ω 与 α 同号时为加速转动，当 ω 与 α 异号时为减速转动。（　）
6. 刚体运动时，其上有两条相交直线始终与各自初始位置保持平行，则刚体一定平移。（　）
7. 如果刚体上各点的轨迹都是圆，则该刚体不一定做定轴转动。（　）
8. 刚体的平移和定轴转动都是刚体平面运动的特殊情形。（　）
9. 刚体平移必为刚体平面运动的特例，但刚体定轴转动不一定是刚体平面运动的特例。（　）
10. 凡是平移刚体，其上各点的法向加速度始终为零。（　）
11. 如果角加速度与角速度的转向相同，则越转越快，属于加速运动。（　）
12. 两齿轮传动时，两齿轮上接触点的速度相同，加速度也相同。（　）
13. 作用于质点上的力越大，质点运动的速度越高。（　）
14. 牛顿定律适用于任意参考系。（　）
15. 一个质点只要运动，就一定受到力的作用，而且运动的方向就是它受力的方向。（　）
16. 圆盘在光滑的水平面上平动，其质心做等速直线运动。若在此圆盘平面上作用一力偶，则此圆盘质心的运动状态是变速直线运动。（　）
17. 刚体在一组力作用下运动，只要各个力的大小和方向不变，不管各力的作用点如何变化，刚体质心的加速度的大小和方向不变。（　）

参考答案：

1. 错　2. 错　3. 对　4. 错　5. 对　6. 对　7. 对　8. 错　9. 错　10. 错
11. 对　12. 错　13. 错　14. 错　15. 错　16. 错　17. 对

二、填空题

1. 如题 6.2.1 图所示，绳拉力 $F=2\text{ kN}$，$P_2=1\text{ kN}$，$P_1=2\text{ kN}$。不计滑轮质量，(a)(b)两种情形下，(1) 重物Ⅱ的加速度(a)_____，(b)_____；(2) 绳的张力(a)_____，(b)_____。

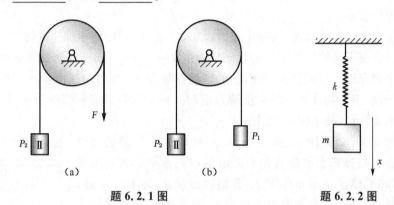

题 6.2.1 图   题 6.2.2 图

2. 如题 6.2.2 图所示，铅垂悬挂的质量-弹簧系统，其质量为 m，弹簧刚度系数为 k。若坐标原点分别取在弹簧静伸长处和未伸长处，则质点的运动微分方程可写成 _____ 和 _____。

3. 如题 6.2.3 图所示，光滑细管绕铅垂轴 z 以匀角速度 ω 转动。管内有一小球以相对于管的初速度 v_0 朝 O 点运动，则小球相对细管的相对运动微分方程为_____。

4. 如题 6.2.4 图所示，已知 A 物重 $P=20\text{ N}$，B 物重 $Q=30\text{ N}$，滑轮 C、D 不计质量，并略去各处摩擦，则绳水平段的拉力为_____。

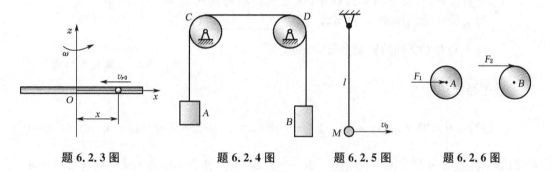

题 6.2.3 图   题 6.2.4 图   题 6.2.5 图   题 6.2.6 图

5. 如题 6.2.5 图所示，质量 $m=2\text{ kg}$ 的重物 M，挂在长 $l=0.5\text{ m}$ 的细绳下端，重物受到水平冲击后，获得了 $v_0=5\text{ m/s}$ 的速度，则此时绳子的拉力等于_____。

6. 如题 6.2.6 图所示，两个相同的均质圆盘，平放在光滑的水平面上，在其上各作用一水平力 F_1 和 F_2，位置如图，使圆盘由静止开始运动。若 $F_1=F_2$，则哪个圆盘质心运动得快？答：_____。

7. 两小球 A、B 的质量分别为 $2m$ 和 m，用长为 l 的无重刚杆连接，如题 6.2.7 图所示，系统静止不动。若给小球 A 作用一冲量 S，则系统质心速度的大小为_____。

题 6.2.7 图

8. 半径为 20 cm 的主动轮,通过皮带拖动半径为 50 cm 的被动轮转动,皮带与轮之间无相对滑动。主动轮从静止开始做匀角加速转动。在 4 s 内被动轮的角速度达到 8π rad·s^{-1},则主动轮在这段时间内转过了_____圈。

9. 绕定轴转动的飞轮均匀地减速,$t=0$ 时角速度为 $\omega_0 = 5$ rad/s,$t=20$ s 时角速度为 $\omega = 0.8\omega_0$,则飞轮的角加速度 $\beta=$_____,$t=0$ 到 $t=100$ s 时间内飞轮所转过的角度 $\alpha=$_____。

10. 半径为 30 cm 的飞轮,从静止开始以 0.50 rad·s^{-2} 的匀角加速度转动,则飞轮边缘上一点在飞轮转过 240°时的切向加速度 $a_t=$_____,法向加速度 $a_n=$_____。

11. 一个做定轴转动的物体,对转轴的转动惯量为 J。正以角速度 $\omega_0 = 10$ rad·s^{-1} 匀速转动,现对物体加一恒定制动力矩 $M=-0.5$ N·m,经过时间 $t=5.0$ s 后,物体停止了转动,物体的转动惯量 $J=$_____。

12. 如题 6.2.12 图所示,质量为 m、长为 l 的棒,可绕通过棒中心且与棒垂直的竖直光滑固定轴 O 在水平面内自由转动(转动惯量 $J=ml^2/12$)。开始时棒静止,现有一子弹,质量也是 m,在水平面内以速度 v_0 垂直射入棒端并嵌在其中,则子弹嵌入后棒的角速度 $\omega=$_____。

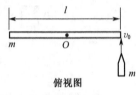

题 6.2.12 图

13. 如题 6.2.13 图所示,在一水平放置的质量为 m、长度为 l 的均匀细杆上,套着一质量也为 m 的套管 B(可看作质点),套管用细线拉住,它到竖直的光滑固定轴 OO' 的距离为 $\frac{1}{2}l$,杆和套管所组成的系统以角速度 ω_0 绕 OO' 轴转动,如图所示。若在转动过程中细线被拉断,套管将沿着杆滑动。在套管滑动过程中,该系统转动的角速度 ω 与套管离轴的距离 x 的函数关系为_____。(已知杆本身对 OO' 轴的转动惯量为 $\frac{1}{3}ml^2$)

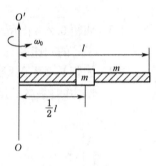

题 6.2.13 图

参考答案:

1. (1) g;$\frac{g}{3}$ (2) 2 kN;$\frac{4}{3}$ kN 2. $m\ddot{x}+kx=0$,$m\ddot{x}+kx=mg$ 3. $\ddot{x}-\omega^2 x=0$

4. 24 N 5. 119.6 N 6. 一样快 7. $\frac{S}{3m}$ 8. 20 9. -0.05 rad·s^{-2};250 rad

10. 0.15 m·s^{-2},1.26 m·s^{-2} 11. 0.25 kg·m^2 12. $3v_0/(2l)$ 13. $\omega=\dfrac{7l^2\omega_0}{4(l^2+3x^2)}$

三、选择题

1. 质点从某一高度处沿水平方向抛出,所受介质阻力为 $\vec{R}=-k\vec{v}$,如题 6.3.1 图所示,质点的运动微分方程为_____。

   A. $-m\ddot{x}=-k\dot{x}$,$-m\ddot{y}=-mg+k\dot{y}$

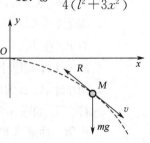

题 6.3.1 图

B. $m\ddot{x}=-k\dot{x}$, $m\ddot{y}=-mg-k\dot{y}$

C. $m\ddot{x}=-k\dot{x}$, $m\ddot{y}=-mg+k\dot{y}$

D. $m\ddot{x}=k\dot{x}$, $-m\ddot{y}=-mg+k\dot{y}$

2. 质点在重力和介质阻力 $\vec{R}=-k\vec{v}$ 作用下,沿铅垂方向运动,质点的运动微分方程为_____。(y 轴竖直向上)

A. $-m\ddot{y}=-mg+k\dot{y}$ B. $m\ddot{y}=-mg-k\dot{y}$

C. $m\ddot{y}=-mg+k\dot{y}$ D. $-m\ddot{y}=-mg-k\dot{y}$

3. 如题 6.3.3 图(a)(b)所示,物体 A, B 的重量分别为 P_A, P_B,且 $P_A \neq P_B$;$F = P_A$。若不计滑轮的质量则两种情形下,重物 B 的加速度_____。

A. $a_{B(a)} > a_{B(b)}$ B. $a_{B(a)} < a_{B(b)}$

C. $a_{B(a)} = a_{B(b)}$ D. 无法确定

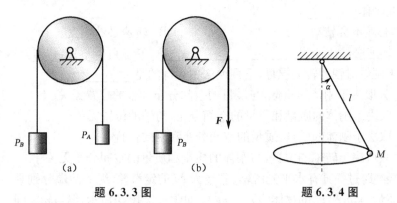

题 6.3.3 图　　　　　题 6.3.4 图

4. 在题 6.3.4 图所示圆锥摆中,球 M 的质量为 m,绳长 l,若 α 角保持不变,则小球的法向加速度为_____。

A. $g\sin\alpha$　　B. $g\cos\alpha$　　C. $g\tan\alpha$　　D. $g\cot\alpha$

5. 小球在重力作用下沿粗糙斜面下滚,如题 6.3.5 图所示,角加速度_____;当小球离开斜面后,角加速度_____。

A. 等于零　　B. 不等于零　　C. 不能确定

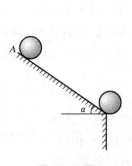
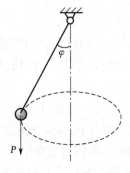

题 6.3.5 图　　　　　题 6.3.6 图

6. 用绳子悬挂一质量为 m 的小球,使其在水平面内做匀速圆周运动,如题 6.3.6 图所示,如果想求绳子的张力 T,则其方程为_____。

A. $T\cos\varphi - mg = 0$ B. $mg\cos\varphi - T = 0$
C. $T\sin\varphi - mg = 0$ D. $mg\sin\varphi - T = 0$

7. 如题 6.3.7 图所示，A、B 为两个相同的绕着轻绳的定滑轮。A 滑轮挂一质量为 M 的物体，B 滑轮受拉力 F，且 $F = Mg$。设 A、B 两滑轮的角加速度分别为 β_A 和 β_B，不计滑轮轴的摩擦，则有_____。

A. $\beta_A = \beta_B$

B. $\beta_A > \beta_B$

C. $\beta_A < \beta_B$

D. 开始时 $\beta_A = \beta_B$，以后 $\beta_A < \beta_B$

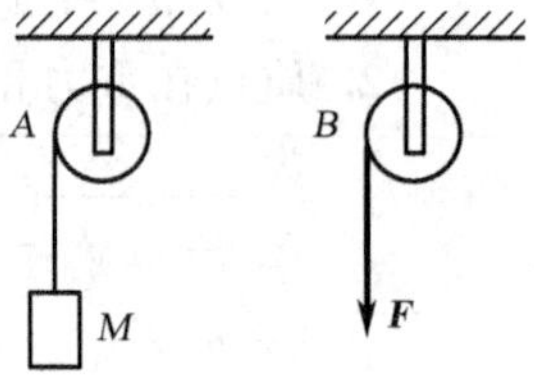

题 6.3.7 图

8. 几个力同时作用在一个具有光滑固定转轴的刚体上，如果这几个力的矢量和为零，则此刚体_____。

A. 必然不会转动   B. 转速必然不变

C. 转速必然改变   D. 转速可能不变，也可能改变

9. 关于刚体对轴的转动惯量，下列说法中正确的是_____。

A. 只取决于刚体的质量，与质量的空间分布和轴的位置无关

B. 取决于刚体的质量和质量的空间分布，与轴的位置无关

C. 取决于刚体的质量、质量的空间分布和轴的位置

D. 只取决于转轴的位置，与刚体的质量和质量的空间分布无关

10. 一轻绳跨过一具有水平光滑轴、质量为 M 的定滑轮，绳的两端分别悬有质量为 m_1 和 m_2 的物体（$m_1 < m_2$），如题 6.3.10 图所示，绳与轮之间无相对滑动。若某时刻滑轮沿逆时针方向转动，则绳中的张力_____。

A. 处处相等   B. 左边大于右边

C. 右边大于左边   D. 哪边大无法判断

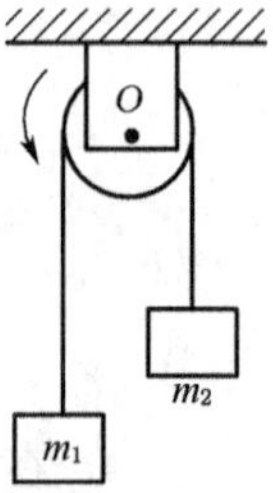

题 6.3.10 图

11. 将细绳绕在一个具有水平光滑轴的飞轮边缘上，现在在绳端挂一质量为 m 的重物，飞轮的角加速度为 β。如果以拉力 $2mg$ 代替重物拉绳时，飞轮的角加速度将_____。

A. 小于 β B. 大于 β，小于 2β

C. 大于 2β D. 等于 2β

12. 花样滑冰运动员绕过自身的竖直轴转动，开始时两臂伸开，转动惯量为 J_0，角速度为 ω_0，然后她将两臂收回，使转动惯量减少 $J_0/3$。这时她转动的角速度变为_____。

A. $\omega_0/3$ B. $(1/\sqrt{3})\omega_0$ C. $3\omega_0$ D. $\sqrt{3}\omega_0$

13. 如题 6.3.13 图所示，一圆盘正绕垂直于盘面的水平光滑固定轴 O 转动，如图射来两个质量相同，速度大小相同，方向相反并在一条直线上的子弹，子弹射入圆盘并且留在盘内，则子弹射入后的瞬间，圆盘的角速度_____。

A. 增大   B. 不变   C. 减小   D. 不能确定

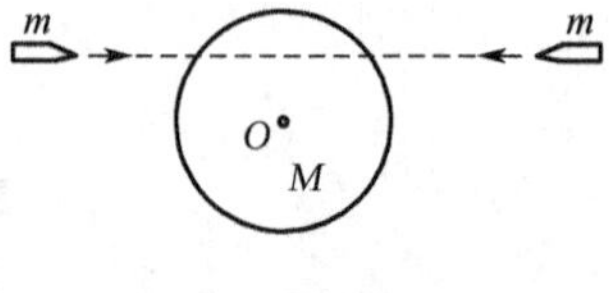

题 6.3.13 图

14. 质量为 m 的小孩站在半径为 R 的水平平台边缘上。平台可以绕通过其中心的竖直光滑固定轴自由转动,转动惯量为 J。平台和小孩开始时均静止,当小孩突然以相对于地面为 v 的速率在台边缘沿逆时针转向走动时,则此平台相对地面旋转的角速度和旋转方向分别为_____。

A. $\omega = \dfrac{mR^2}{J}\left(\dfrac{v}{R}\right)$,顺时针 B. $\omega = \dfrac{mR^2}{J}\left(\dfrac{v}{R}\right)$,逆时针

C. $\omega = \dfrac{mR^2}{J+mR^2}\left(\dfrac{v}{R}\right)$,顺时针 D. $\omega = \dfrac{mR^2}{J+mR^2}\left(\dfrac{v}{R}\right)$,逆时针

参考答案:

1. B 2. B 3. B 4. C 5. A 6. A 7. C 8. D 9. C 10. C
11. C 12. D 13. C 14. A

四、综合应用习题与解答

1. 10 m 高的烟囱因底部损坏而倒下来,求其上端到达地面时的线速度。设倒塌时底部未移动,可近似认为烟囱为细均质杆。

解 $\dfrac{1}{2}mgh = \dfrac{1}{2}I\omega^2$, $\omega^2 = \dfrac{mgh}{I} = \dfrac{mgh}{\frac{1}{3}mh^2} = \dfrac{3g}{h}$, $\omega = \sqrt{\dfrac{3g}{h}}$

$v = h\omega = \sqrt{3gh} = 17.1\ (\text{m/s})$

2. 设地球绕日做圆周运动,求地球自转和公转的角速度为多少?估算地球赤道上一点因地球自转具有的线速度和向心加速度。估算地心因公转而具有的线速度和向心加速度(自己搜集所需数据)。

解 $\omega_{自} = \dfrac{2\pi}{24 \times 3\,600} = 7.27 \times 10^{-5}\ (\text{rad/s})$

$\omega_{公} = \dfrac{2\pi}{365 \times 24 \times 3\,600} = 2.04 \times 10^{-7}\ (\text{rad/s})$

$v = R\omega_{自}$

$a_n = \dfrac{v^2}{R} = \omega^2 R$

3. 汽车发动机的转速在 12 s 内由 1 200 r/min 均匀地增加到 3 000 r/min。(1)假设转动是匀加速转动,求角加速度;(2)在此时间内,发动机转了多少转?

解 (1) $\beta = \dfrac{\text{d}\omega}{\text{d}t} = \dfrac{2\pi \times (3\,000 - 1\,200) \times 1/60}{12} = 15.7\ (\text{rad/s}^2)$

(2) $\theta = \dfrac{\omega^2 - \omega_0^2}{2\beta} = \dfrac{\left(\dfrac{\pi}{30}\right)^2 (3\,000^2 - 1\,200^2)}{2 \times 15.7} = 2\,639\ (\text{rad})$

所以 转数 $= \dfrac{2\,639}{2\pi} = 420\ (\text{转})$

4. 某发动机飞轮在时间间隔 t 内的角位移为 $\theta = at + bt^3 - ct^4$ (θ: rad, t: s)。求 t 时刻的角速度和角加速度。

解
$$\theta = at + bt^3 - ct^4$$
$$\omega = \frac{d\theta}{dt} = a + 3bt^2 - 4ct^3$$
$$\beta = \frac{d\omega}{dt} = 6bt - 12ct^2$$

5. 一汽车发动机曲轴的转速在 12 s 内由 1.2×10^3 r·min^{-1} 均匀地增加到 2.7×10^3 r·min^{-1}。(1)求曲轴转动的角加速度;(2)在此时间内,曲轴转了多少转?

解 (1) 由于角速度 $\omega = 2\pi n$ (n 为单位时间内的转数),根据角加速度的定义 $\alpha = \frac{d\omega}{dt}$,在匀变速转动中角加速度为

$$\alpha = \frac{\omega - \omega_0}{t} = \frac{2\pi(n - n_0)}{t} = 13.1 \text{ rad} \cdot \text{s}^{-2}$$

(2) 发动机曲轴转过的角度为

$$\theta = \omega_0 t + \frac{1}{2}\alpha t^2 = \frac{\omega + \omega_0}{2}t = \pi(n + n_0)t$$

在 12 s 内曲轴转过的圈数为

$$N = \frac{\theta}{2\pi} = \frac{n + n_0}{2}t = 390 \text{ 圈}$$

6. 如题 6.4.6 图所示,钢制炉门由两个各长 1.5 m 的平行臂 AB 和 CD 支承,以角速率 $\omega = 10$ rad/s 逆时针转动,求臂与铅直方向成 45° 时,门中心 G 的速度和加速度。

解 因炉门在铅直面内做平动,所以门中心 G 的速度、加速度与 B 点或 D 点相同,而 B、D 两点做匀速圆周运动,因此

$$v_G = v_B = \omega \overline{AB} = 10 \times 1.5 = 15 \text{ m/s},$$

方向指向右下方,与水平方向成 45°;

$$a_G = a_B = \omega^2 \overline{AB} = 10^2 \times 1.5 = 150 \text{ m/s}^2,$$

方向指向右上方,与水平方向成 45°

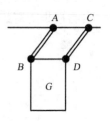

题 6.4.6 图

7. 如题 6.4.7 图所示,收割机拨禾轮上面通常装 4 到 6 个压板,拨禾轮一边旋转,一边随收割机前进。压板转到下方才发挥作用,一方面把农作物压向切割器,一方面把切下来切割器的作物铺放在收割台上,因此要求压板运动到下方时相对于作物的速度与收割机前进方向相反。已知收割机前进速率为 1.2 m/s,拨禾轮直径 1.5 m,转速 22 r/min,求压板运动到最低点挤压作物的速度。

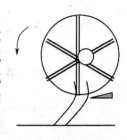

题 6.4.7 图

解 拨禾轮的运动是平面运动,其上任一点的速度等于拨禾轮轮心 C 随收割机前进的平动速度加上拨禾轮绕轮心转动的速度。压板运动到最低点时,其转动速度方向与收割机前进速度方向相反,压板相对地面(即农作物)的速度

$$v = v_c - \omega R = 1.2 - \frac{2\pi \times 22}{60} \times \frac{1.5}{2} = -0.53 \text{ m/s}$$

负号表示压板挤压作物的速度方向与收割机前进方向相反。

8. 如题 6.4.8 图所示,在质量为 M,半径为 R 的匀质圆盘上挖出半径为 r 的两个圆孔,圆孔中心在半径 R 的中点,求剩余部分对过大圆盘中心且与盘面垂直的轴线的转动惯量。

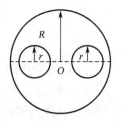

题 6.4.8 图

解 大圆盘对过圆盘中心 O 且与盘面垂直的轴线(以下简称 O 轴)的转动惯量为 $I = \frac{1}{2}MR^2$。由于对称放置,两个小圆盘对 O 轴的转动惯量相等,设为 I',圆盘质量的面密度 $\sigma = M/\pi R^2$,根据平行轴定理,

$$I' = \frac{1}{2}(\sigma \pi r^2)r^2 + (\sigma \pi r^2)\left(\frac{R}{2}\right)^2 = \frac{Mr^4}{2R^2} + \frac{1}{4}Mr^2$$

设挖去两个小圆盘后,剩余部分对 O 轴的转动惯量为 I''

$$I'' = I - 2I' = \frac{1}{2}MR^2 - \frac{Mr^4}{R^2} - \frac{1}{2}Mr^2 = \frac{1}{2}M(R^2 - r^2 - 2r^4/R^2)$$

9. 物体绕定轴转动的运动方程为 $\varphi = 4t - 3t^3$(φ 以 rad 计,t 以 s 计)。试求物体内与转动轴相距 $r = 0.5$ m 的一点,在 $t_0 = 0$ 与 $t_1 = 1$ s 时的速度和加速度的大小;物体在什么时刻改变它的转向?

解 角速度:

$$\omega = \frac{\mathrm{d}\varphi}{\mathrm{d}t} = \frac{\mathrm{d}}{\mathrm{d}t}(4t - 3t^3) = 4 - 9t^2$$

角加速度:

$$\alpha = \frac{\mathrm{d}\omega}{\mathrm{d}t} = \frac{\mathrm{d}}{\mathrm{d}t}(4 - 9t^2) = -18t$$

速度:

$$v = r\omega = r(4 - 9t^2)$$
$$v|_{t=0} = r\omega = 0.5 \times (4 - 9 \times 0^2) = 2 \text{ (m/s)}$$
$$v|_{t=1} = 0.5 \times (4 - 9 \times 1^2) = -2.5 \text{ (m/s)}$$

切向加速度:

$$a_\mathrm{t} = \rho\alpha = r(-18t) = -18rt$$

法向加速度:

$$a_\mathrm{n} = \frac{v^2}{\rho} = \frac{[r(4 - 9t^2)]^2}{r} = r(4 - 9t^2)^2$$

加速度：

$$a = \sqrt{a_t^2 + a_n^2} = \sqrt{(-18rt)^2 + [r(4-9t^2)^2]^2} = r\sqrt{324t^2 + (4-9t^2)^4}$$

$$a|_{t=0} = r\sqrt{324 \times 0^2 + (4-9 \times 0^2)^4} = 0.5 \times 16 = 8 \text{ (m/s}^2\text{)}$$

$$a|_{t=1} = r\sqrt{324 \times 1^2 + (4-9 \times 1^2)^4} = 0.5 \times 30.81 = 15.405 \text{ (m/s}^2\text{)}$$

物体改变方向时，速度等于零。即：

$$v = r(4 - 9t^2) = 0$$

$$t = \frac{2}{3} \text{(s)} = 0.667 \text{ (s)}$$

10. 飞轮边缘上一点 M，以 $v = 10 \text{ m/s}$ 匀速运动。后因刹车，该点以 $a_t = 0.1t \text{ (m/s}^2\text{)}$ 做减速运动。设轮半径 $R = 0.4 \text{ m}$，求 M 点在减速运动过程中的运动方程及 $t = 2 \text{ s}$ 时的速度、切向加速度与法向加速度。

解 $a_t = R\alpha = 0.4 \dfrac{\mathrm{d}^2\varphi}{\mathrm{d}t^2} = -0.1t$ （做减速运动，角加速度为负）

$$\frac{\mathrm{d}^2\varphi}{\mathrm{d}t^2} = -0.25t$$

$$\frac{\mathrm{d}\varphi}{\mathrm{d}t} = -0.125t^2 + C_1$$

$$\varphi = -0.0417t^3 + C_1 t + C_2$$

$$v = R\frac{\mathrm{d}\varphi}{\mathrm{d}t} = 0.4 \times (-0.125t^2 + C_1) = -0.05t^2 + 0.4C_1$$

$$v|_{t=0} = -0.05 \times 0^2 + 0.4C_1 = 10$$

$$C_1 = 25$$

$$\varphi|_{t=0} = -0.0417 \times 0^3 + C_1 \times 0 + C_2 = 0$$

$C_2 = 0$，故运动方程为：

$$\varphi = 0.0417t^3 + 25t$$

$$s = R\varphi = 0.4(-0.0417t^3 + 25t) = -0.0167t^3 + 10t$$

速度方程：

$$v = -0.05t^2 + 10$$

$$v|_{t=2} = -0.05 \times 2^2 + 10 = 9.8 \text{ (m/s)}$$

切向加速度：

$$a_t|_{t=2} = -0.1t = -0.1 \times 2 = -0.2 \text{ (m/s}^2\text{)}$$

法向加速度：

$$a_n = R\omega^2 = 0.4 \times (-0.125t^2 + 25)^2$$

$$a_n|_{t=2} = 0.4 \times (-0.125 \times 2^2 + 25)^2 = 240.1 \text{ (m/s}^2\text{)}$$

11. 当启动陀螺罗盘时,其转子的角加速度从零开始与时间成正比地增大。经过 5 分钟后,转子的角加速度为 $\omega = 600\pi(\text{rad/s})$。试求转子在这段时间内转了多少转?

解
$$\alpha = \frac{\mathrm{d}\omega}{\mathrm{d}t} = kt$$

$$\omega = \frac{kt^2}{2} + C_1$$

$$\omega|_{t=0} = \frac{k \times 0^2}{2} + C_1 = 0$$

$$C_1 = 0$$

$$\omega = \frac{kt^2}{2}$$

$$\omega|_{t=300\text{s}} = \frac{k \times 300^2}{2} = 600\pi$$

$$k = \frac{2 \times 600\pi}{300^2} = \frac{\pi}{75}$$

$$\omega = \frac{kt^2}{2} = \frac{\pi t^2}{150}$$

$$\frac{\mathrm{d}\varphi}{\mathrm{d}t} = \frac{\pi t^2}{150}$$

$$\varphi = \frac{\pi}{150} \frac{t^3}{3} + C_2$$

$$\varphi|_{t=0} = \frac{\pi}{150} \frac{0^3}{3} + C_2 = 0$$

$$C_2 = 0$$

$$\varphi = \frac{\pi t^3}{450}$$

$$\varphi|_{t=300\text{s}} = \frac{\pi \times 300^3}{450} = 60\,000\pi,$$

转数 $N = \dfrac{60\,000\pi}{2\pi} = 30\,000\ (\text{r})$

12. 如题 6.4.12 图所示,揉茶机的揉桶由三个曲柄支持,曲柄的支座 A, B, C 与支轴 a, b, c 都恰成等边三角形,三个曲柄长度相等,均为 $l = 150\ \text{mm}$,并以相同的转速 $n = 45\ \text{r/min}$ 分别绕其支座在图示平面内转动。求揉桶中心点 O 的速度和加速度。

解 三根曲柄做定轴转动,揉桶做刚体平动,故 a 与 O 的速度、加速度相同。

$$\omega = n\frac{2\pi}{60} = 45 \times \frac{\pi}{30} = \frac{3\pi}{2}$$

$$v_a = l\omega = 150 \times \frac{3}{2} \times 3.14 = 706.5 \approx 707\ (\text{mm/s})$$

$$v_O = v_a \approx 707\ (\text{mm/s})$$

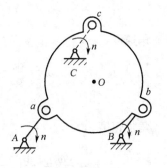

题 6.4.12 图

$$a = l\sqrt{\alpha^2 + \omega^4} = 150 \times \sqrt{0 + \omega^4} = 150\omega^2$$
$$a_a = 150 \times (1.5 \times 3.14)^2 = 3\,328 \text{ (mm/s}^2\text{)}$$
$$a_O = a_a = 3\,328 \text{ (mm/s}^2\text{)}$$

13. 刨床上的曲柄连杆机构如题 6.4.13 图所示,曲柄 OA 以匀角速度 ω_0 绕 O 轴转动,其转动方程为 $\phi = \omega_0 t$。滑块 A 带动摇杆 O_1B 绕轴 O_1 转动。设 $OO_1 = a$,$OA = r$。求摇杆的转动方程和角速度。

解
$$\tan\varphi = \frac{r\sin\omega_0 t}{a + r\cos\omega_0 t}$$

故摇杆的转动方程为:

$$\varphi = \arctan\frac{r\sin\omega_0 t}{a + r\cos\omega_0 t}$$

$$\omega = \frac{d\varphi}{dt} = \frac{1}{1 + \left(\dfrac{r\sin\omega_0 t}{a + r\cos\omega_0 t}\right)^2} \cdot$$

$$\frac{r\omega_0\cos\omega_0 t \cdot (a + r\cos\omega_0 t) - r\sin\omega_0 t \cdot (-r\omega_0\sin\omega_0 t)}{(a + r\cos\omega_0 t)^2}$$

$$\omega = \frac{ar\omega_0\cos\omega_0 t + r^2\omega_0\cos^2\omega_0 t + r^2\omega_0\sin^2\omega_0 t}{a^2 + 2ar\cos\omega_0 t + r^2\cos^2\omega_0 t + r^2\sin^2\omega_0 t} = \frac{r^2\omega_0 + ar\omega_0\cos\omega_0 t}{a^2 + r^2 + 2ar\cos\omega_0 t}$$

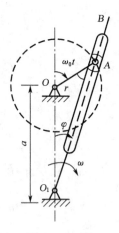

题 6.4.13 图

14. 如题 6.4.14 图所示,槽杆 OA 可绕一端 O 转动,槽内嵌有刚连于方块 C 的销钉 B,方块 C 以匀速率沿水平方向移动。设 $t=0$ 时,OA 恰在铅直位置。求槽杆 OA 的角速度与角加速度随时间 t 变化的规律。

解 销钉 B 与 C 同在一方块上做刚体的平动,故它们的速度相同。

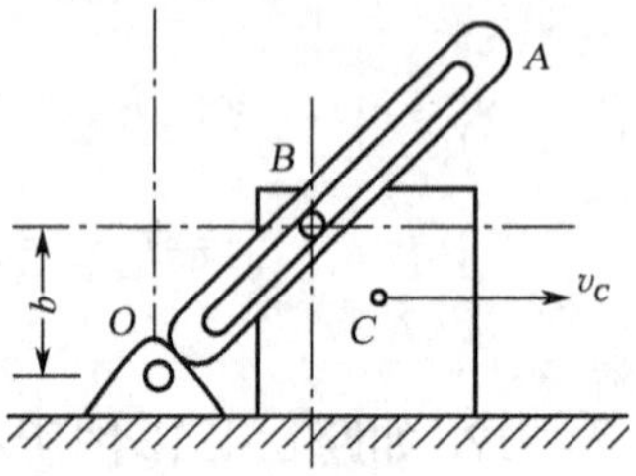

$$\tan\varphi = \frac{v_C t}{b}$$

$$\varphi = \arctan\frac{v_C t}{b}$$

题 6.4.14 图

角速度:
$$\omega = \frac{d\varphi}{dt} = \frac{1}{1 + \left(\dfrac{v_C t}{b}\right)^2} \cdot \frac{v_C}{b} = \frac{b^2}{b^2 + v_C^2 t^2} \cdot \frac{v_C}{b} = \frac{bv_C}{b^2 + v_C^2 t^2}$$

角加速度:
$$\alpha = \frac{d\omega}{dt} = \frac{d}{dt}\left(\frac{bv_C}{b^2 + v_C^2 t^2}\right) = -bv_C \cdot \frac{1}{(b^2 + v_C^2 t^2)^2} \cdot 2v_C^2 t = -\frac{2bv_C^3 t}{(b^2 + v_C^2 t^2)^2}$$

15. 如题 6.4.15 图所示,实验用的摆,$l = 0.92$ m,$r = 0.08$ m,$m_l = 4.9$ kg,$m_r =$

24.5 kg,近似认为圆形部分为均质圆盘,长杆部分为均质细杆。求对过悬点且与摆面垂直的轴线的转动惯量。

解 将摆分为两部分:均质细杆(I_1),均质圆盘(I_2)
则 $I = I_1 + I_2$

$$I_1 = \frac{1}{3}m_l l^2 = 1.38 \ (\text{kg}\cdot\text{m}^2)$$

$$I_2 = \frac{1}{2}m_r r^2 + m_r(l+r)^2 = 24.58 \ (\text{kg}\cdot\text{m}^2) \quad (\text{用平行轴定理})$$

$$I = 1.38 + 24.58 = 25.96 \ (\text{kg}\cdot\text{m}^2)$$

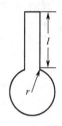

题 6.4.15 图

16. 如题 6.4.16 图所示,在质量为 M、半径为 R 的均质圆盘上挖出半径为 r 的两个圆孔,圆孔中心在半径 R 的中点,求剩余部分对过大圆盘中心且与盘面垂直的轴线的转动惯量。

解 设未挖两个圆孔时大圆盘转动惯量为 I。如图半径为 r 的小圆盘转动惯量为 I_1 和 I_2。
则有

$$I_x = I - I_1 - I_2 \quad (I_1 = I_2)$$

$$= \frac{1}{2}MR^2 - 2\left[\frac{1}{2}\frac{M}{\pi R^2}\cdot \pi r^2 r^2 + \frac{M}{\pi R^2}\pi r^2\left(\frac{R}{2}\right)^2\right]$$

$$= \frac{1}{2}M\left(R^2 - r^2 - \frac{2r^4}{R^2}\right)$$

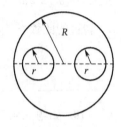

题 6.4.16 图

17. 一转动系统的转动惯量为 $I = 8.0 \ \text{kg}\cdot\text{m}^2$,转速为 $\omega = 41.9 \ \text{rad/s}$,两制动闸瓦对轮的压力都为 392 N,闸瓦与轮缘间的摩擦系数为 $\mu = 0.4$,轮半径为 $r = 0.4 \ \text{m}$,从开始制动到静止需要用多少时间?

解 $\because \sum M_z = I_z \alpha_z$

$$\therefore \alpha_z = -\frac{\sum M_z}{I_z} = -\frac{2\times 0.4\times 392\times 0.4}{8.0} = -15.68 \ (\text{rad/s}^2)$$

$$\omega_z = \omega_{0z} + \alpha_z t = 41.9 - 15.68t = 0$$

$$t = 2.67 \ (\text{s})$$

18. 一半圆形均匀薄板的质量 m,半径 R,平放在一个不动的大平台上,薄板可绕过圆心与板面垂直的轴自由转动,设薄板与平台间的摩擦系数为 μ,若半圆板的角速度在 $t = 0$ 时为 ω_0,则当角速度 $\omega = \frac{1}{2}\omega_0$ 时用去了多少时间?转过多少圈?

解 (1)薄半圆形板所受摩擦力矩为

$$M = \int \text{d}M = \int_0^R \mu(\sigma \pi r \text{d}r)gr = \int_0^R \pi\mu g\sigma r^2 \text{d}r = \frac{1}{3}\pi\mu g\frac{2m}{\pi R^2}R^3 = \frac{2}{3}\mu mgR$$

（2）由转动定律有

$$\alpha = \frac{M}{J} = \frac{2}{3}\frac{\mu mgR}{\frac{1}{2}mR^2} = \frac{4}{3}\frac{\mu g}{R}$$

$$\left(J = \int_0^R \pi r\sigma r^2 \, dr = \frac{1}{4}\pi\sigma R^4 = \frac{mR^2}{2}\right)$$

由 $\omega = \omega_0 - \alpha t = \frac{\omega_0}{2}$ 有 $\quad t = \frac{\frac{\omega_0}{2}}{\alpha} = \frac{3\omega_0 R}{8\mu g}$

由 $\omega^2 = \omega_0^2 - 2\alpha\theta = \frac{\omega_0^2}{4}$ 有 $\quad \theta = \frac{3}{8}\frac{\omega_0^2}{\alpha} = \frac{9}{32}\frac{\omega_0^2 R}{\mu g}$

∴ 转过的圈数

$$N = \frac{\theta}{2\pi} = \frac{9}{64}\frac{\omega_0^2 R}{\pi\mu g}$$

19. 如题 6.4.19 图所示，摩擦制动装置的鼓轮质量为 m，半径为 R，以等角速度 ω_0 旋转。在力 F 的作用下，摩擦块 K 给鼓轮以制动作用。设摩擦块与鼓轮的滑动摩擦系数为 μ。试问需要多少时间才能使鼓轮停止转动（不计摩擦块的厚度）？

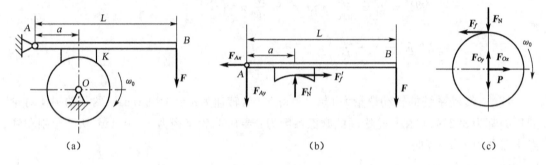

题 6.4.19 图

解 （1）选取研究对象，画受力图。
分别取制动杆 AB 和鼓轮为研究对象，受力如图 6.4.19(b)、(c)所示。
（2）运动分析。
制动杆静止不动，鼓轮绕定轴转动。
（3）列方程，求未知量。
先讨论制动杆 AB，由于其处于平衡状态，因此有

$$\sum M_A = 0$$

即

$$\sum M_A = F_N' a - FL = 0$$

所以

$$F'_N = \frac{L}{a}F$$

再讨论鼓轮,由于鼓轮绕定轴转动,则有

$$J\frac{d\omega}{dt} = M$$

则鼓轮的转动惯量为

$$J = \frac{1}{2}mR^2$$

鼓轮与摩擦块之间的摩擦力为

$$F_f = \mu F_N$$

鼓轮因摩擦力而所受到的摩擦力矩为

$$M = -F_f R = -\frac{L}{a}\mu RF$$

所以

$$J\frac{d\omega}{dt} = -\frac{L}{a}\mu RF$$

将上式两边积分得

$$\int_{\omega_0}^{0} d\omega = \int_0^t -\frac{L}{Ja}\mu RF \, dt$$

即

$$-\omega_0 = -\frac{L}{Ja}\mu RFt$$

即

$$t = \frac{aJ}{L\mu RF}\omega_0 = \frac{1}{2} \times \frac{amR}{L\mu F}\omega_0$$

20. 如题 6.4.20 图所示为把工件送入干燥炉内的机构,叉杆 $OA = 1.5 \text{ m}$,在铅垂面内转动,杆 $AB = 0.8 \text{ m}$,A 端为铰链,B 端有放置工件的框架。在机构运动时,工件的速度恒为 0.05 m/s,AB 杆始终铅垂。设运动开始时,角 $\varphi = 0$。求运动过程中角 φ 与时间的关系,并求点 B 的轨迹方程。

解 OA 做定轴转动;AB 做刚体的平动。

$$v_A = v_B = OA \cdot \omega = 0.05$$
$$1.5 \cdot \omega = 0.05$$
$$\omega = \frac{0.05}{1.5} = \frac{1}{30}$$
$$\frac{d\varphi}{dt} = \frac{0.05}{1.5} = \frac{1}{30}$$
$$d\varphi = \frac{1}{30}dt$$

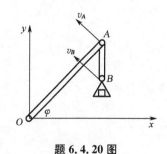

题 6.4.20 图

$$\varphi = \frac{1}{30}t + C_1$$

$$\varphi|_{t=0} = \frac{1}{30} \times 0 + C_1 = 0$$

$$C_1 = 0 \quad 故$$

$$\varphi = \frac{1}{30}t$$

$$x_B = x_A = 1.5\cos\varphi = 1.5\cos\frac{t}{30} \tag{a}$$

$$y_B = y_A - 0.8 = 1.5\sin\varphi - 0.8 = 1.5\sin\frac{t}{30} - 0.8 \tag{b}$$

由(a)、(b)得：

$$\left(\frac{x_B}{1.5}\right)^2 + \left(\frac{y_B + 0.8}{1.5}\right)^2 = 1,$$

即 B 点的轨迹方程为：

$$\left(\frac{x}{1.5}\right)^2 + \left(\frac{y+0.8}{1.5}\right)^2 = 1 \quad （圆）$$

第七章 动能定理

一、判断题

1. 从某一点 O 以同样的速率,沿着同一竖直面内各个不同方向同时抛出几个物体,在任意时刻,这几个物体总是散落在某个圆周上。　　　　　　　　　　　　　　( )

2. 做抛体运动的一质点在运动过程中,$\dfrac{dv}{dt}$ 是变化的,$\dfrac{d\vec{v}}{dt}$ 是不变的,法向加速度是变化的。　　　　　　　　　　　　　　　　　　　　　　　　　　　　　( )

3. 物体做曲线运动时:
   (1) 必定有加速度,加速度的法向分量必不为零。　　　　　　　　　　( )
   (2) 速度方向必定沿着运动轨道的切线方向,速度的法向分量为零,因此其法向加速度也必定为零。　　　　　　　　　　　　　　　　　　　　　( )

4. 用水平力 F 把物体 M 压在粗糙的竖直墙面上并保持静止,当 F 逐渐增大时,物体 M 所受的静摩擦力随 F 的增大成正比地增大。　　　　　　　　　　　( )

5. 一物体自高度为 h,表面分别是直的、凹的、凸的光滑面由静止开始下滑,则到底部的动能相同,动量不同。　　　　　　　　　　　　　　　　　　　　　( )

6. 一水平传送皮带受电动机驱动,保持匀速运动。现在传送带上轻轻放置一砖块,则在砖块刚被放上到与传送带共同运动的过程中,应该是:
   (1) 摩擦力对皮带做的功与摩擦力对砖块做的功等值反号。　　　　　　( )
   (2) 驱动力的功与摩擦力对砖块做的功之和等于砖块获得的动能。　　　( )
   (3) 驱动力的功与摩擦力对皮带的功之和为零。　　　　　　　　　　　( )
   (4) 驱动力的功等于砖块获得的动能。　　　　　　　　　　　　　　　( )

7. 不受外力作用的系统,它的动量和机械能同时都守恒。　　　　　　　　( )

8. 当一球沿光滑的固定斜面向下滑动,以球和地球为系统时机械能守恒。　( )

参考答案:

1. 对　　分析:取物体抛出点为坐标原点,在竖直面内建立坐标系。物体运动的参数方程为

$$x = v_0 t\cos\theta, \quad y = v_0 t\sin\theta - \dfrac{1}{2}gt^2$$

消去式中参数 θ,得任意时刻的轨迹方程为

$$x^2 + \left(y + \dfrac{1}{2}gt^2\right)^2 = (v_0 t)^2$$

这是一个以 $\left(0, -\frac{1}{2}gt^2\right)$ 为圆心、$v_0 t$ 为半径的圆方程,它代表着所有物体在任意时刻 t 的位置。

2. 对　分析:$\dfrac{\mathrm{d}v}{\mathrm{d}t}$ 是切向加速度的大小,且 $a_\mathrm{t}=g\sin\alpha$,随轨道上不同的 α 角而不同;$\dfrac{\mathrm{d}\vec{v}}{\mathrm{d}t}=\vec{g}$ 等于重力加速度,为一常矢量;法向加速度 $a_\mathrm{n}=g\cos\alpha$,也随轨道上不同的 α 角而不同。

3. (1)对;(2)错　分析:(1) 正确(在轨道的拐点处除外)。　(2) 只要速度方向有变化,其法向加速度一定不为零。

4. 错　分析:物体保持静止不动时,静摩擦力必须等于 Mg,与压力无关,故 F 增加时静摩擦力不变。

5. 对　分析:三种情况都只有重力做功且相等,由动能定理可得物体滑到底部时的动能相等;但三种光滑表面形状不同,物体滑到底部时的速度方向并不一样,因此动量的方向不同,动量就不相同。

6. (1)错;(2)错;(3)对;(4)错。　分析:(1)加速过程是皮带对砖块的摩擦力作用的结果,在这段变速过程中砖块的速度小于皮带,因而两者有相对运动(相对地面的位移不同),这一对摩擦力的功也不同;(2)和(4)中的驱动力的功是作用在皮带上的,不能改变砖块的动能。

7. 错　分析:不受外力作用的系统满足动量守恒的条件,其动量变化为零;但外力功为零,非保守内力的功不一定为零,所以此系统的机械能不一定为零。

8. 对　分析:对小球和地球系统,系统仅有保守内力重力作用(斜面的支持力为外力,但它与小球的位移垂直而不做功),所以系统机械能守恒。

二、填空题

1. 高空作业时系安全带是非常必要的。假如一质量为 51.0 kg 的人,在操作时不慎从高空竖直跌落下来,由于安全带的保护,最终使他被悬挂起来。已知此时人离原处的距离为 2.0 m,安全带弹性缓冲作用时间为 0.50 s。则安全带对人的平均冲力为_____。

2. 物体在介质中按规律 $x=ct^3$ 做直线运动,c 为一常量。设介质对物体的阻力正比于速度的平方。则物体由 $x=0$ 运动到 $x=l$ 时,阻力所做的功是_____。(已知阻力系数为 k)

3. 从 10.0 m 深的井中提水,起始桶中装有 10.0 kg 的水,由于水桶漏水,每升高 10.0 m 要漏去 2.00 kg 的水。那么水桶被匀速地从井中提到井口,人所做的功为_____。

4. 一质量为 0.20 kg 的球,系在长为 2.00 m 的细绳的一端,细绳的另一端系在天花板上。把小球移至使细绳与竖直方向成 30° 角的位置,然后由静止放开。(1)在绳索从 30° 角到 0° 角的过程中,重力功是_____、张力所做的功是_____;(2)物体在最低位置时的动能为_____、速率为_____;(3)在最低位置时的张力是_____。

5. 设两个粒子之间的相互作用力是排斥力,并随它们之间的距离 r 按 $F = \dfrac{k}{r^3}$ 的规律而变化,其中 k 为常量,那么两粒子相距为 r 时势能是_____。(设力为零的地方势能为零)

6. 用铁锤把钉子敲入墙面木板。设木板对钉子的阻力与钉子进入木板的深度成正比。若第一次敲击,能把钉子钉入木板 1.00×10^{-2} m,第二次敲击时,保持第一次敲击钉子的速度,那么第二次能把钉子钉入木板的深度是_____。

7. 一木块能在与水平面成 α 角的斜面上以匀速下滑。若使它以初速率 v_0 沿此斜面向上滑动,则它能沿该斜面向上滑动的距离为_____。

8. 轻型飞机连同驾驶员总质量为 1.0×10^3 kg。飞机以 55.0 m/s 的速率在水平跑道上着陆后,驾驶员开始制动,若阻力与时间成正比,比例系数 $a = 5.0 \times 10^2$ N/s,(1) 10 s 后飞机的速率为_____;(2) 飞机着陆后 10 s 内滑行的距离_____。

9. 自地球表面垂直上抛一物体。要使它不返回地面,其初速度最小为_____。(略去空气阻力作用)

10. 湖中有一小船。岸上有人用绳跨过定滑轮拉船靠岸。设滑轮距水面高度为 h,滑轮到小船原来位置的绳长为 l_0,当人以匀速 v 拉绳,船运动的速度 v' 为_____。

11. 地面上垂直竖立一高 20.0 m 的旗杆,已知正午时分太阳在旗杆的正上方,在下午 2 时整,杆顶在地面上的影子的速度的大小是_____。在_____时整,杆影将伸展至长 20.0 m。

12. 最初处于静止的质点受到外力的作用,该力的冲量为 4.00 N·s。在同一时间间隔内,该力所做的功为 2.00 J,则该质点的质量为_____。

参考答案:

1. 1.14×10^3 N　分析:以人为研究对象,从整个过程来讨论,根据动量定理有 $\overline{F} = \dfrac{mg}{\Delta t}\sqrt{\dfrac{2h}{g}} + mg = 1.14 \times 10^3$ N

2. $-\dfrac{27}{7}kc^{\frac{2}{3}}l^{\frac{7}{3}}$　分析:由运动学方程 $x = ct^3$,可得物体的速度 $v = \dfrac{\mathrm{d}x}{\mathrm{d}t} = 3ct^2$,物体所受阻力的大小为

$$F = kv^2 = 9kc^2t^4 = 9kc^{\frac{2}{3}}x^{\frac{4}{3}}$$

则阻力的功为

$$W = \int_0^l F\cos 180° \cdot \mathrm{d}x = -\int_0^l 9kc^{\frac{2}{3}}x^{\frac{4}{3}}\mathrm{d}x = -\dfrac{27}{7}kc^{\frac{2}{3}}l^{\frac{7}{3}}$$

3. 882 J　分析:水桶在匀速上提过程中,$a = 0$,拉力与水桶重力平衡,有 $F = P$;水桶重力随位置的变化关系为 $P = mg - bgy$,其中 $b = 0.2$ kg/m,人对水桶的拉力的功为

$$W = \int_0^{10} F \cdot \mathrm{d}y = \int_0^{10}(mg - bgy)\mathrm{d}y = 882 \text{ J}$$

4. (1) 0.53 J;0 (2) 0.53 J;2.30 m/s (3) 2.49 N　分析:(1) 重力对小球所做的功只

与始末位置有关,即
$$W_P = P\Delta h = mgl(1-\cos\theta) = 0.53 \text{ J}$$
在小球摆动过程中,张力 F_T 的方向总是与运动方向垂直,所以张力的功
$$W_T = \int F_T \cdot ds = 0$$

(2) 根据动能定理,小球摆动过程中,其动能的增量是由于重力对它做功的结果。初始时动能为零,因而,在最低位置时的动能为
$$E_k = W_P = 0.53 \text{ J}$$
小球在最低位置时的速率为
$$v = \sqrt{\frac{2E_k}{m}} = \sqrt{\frac{2W_P}{m}} = 2.30 \text{ m/s}$$

(3) 当小球在最低位置时,由牛顿定律可得
$$F_T - P = \frac{mv^2}{l}$$
$$F_T = mg + \frac{mv^2}{l} = 2.49 \text{ N}$$

5. $\frac{k}{2r^2}$ 分析:由力函数 $F = \frac{k}{r^3}$ 可知,当 $r \to \infty$ 时,$F=0$,势能亦为零。在此力场中两粒子相距 r 时的势能为
$$E_P = -(E_\infty - E_P) = W = \int_r^\infty F \cdot dr = \int_r^\infty \frac{k}{r^3} dr = \frac{k}{2r^2}$$

6. 4.1×10^{-3} m 分析:因阻力与深度成正比,则有 $F = kx$(k 为阻力系数)。现令 $x_0 = 1.00\times 10^{-2}$ m,第二次钉入的深度为 Δx,由于钉子两次所做功相等,可得
$$\int_0^{x_0} kx \, dx = \int_{x_0}^{x_0 + \Delta x} kx \, dx$$
解得 $\Delta x = 4.1 \times 10^{-3}$ m

7. $\dfrac{v_0^2}{4g\sin\alpha}$ 分析:选木块为研究对象,取沿斜面向上为 x 轴正向,列出下滑、上滑过程的动力学方程
$$mg\sin\alpha - F_{阻} = 0 \tag{1}$$
$$-mg\sin\alpha - F_{阻} = ma \tag{2}$$
由(2)式可知,加速度为一常量。由匀变速直线运动规律,有
$$v_0^2 - 0 = 2as \tag{3}$$
解上述方程组,可得木块能上滑的距离

$$s = -\frac{v_0^2}{2a} = \frac{v_0^2}{4g\sin\alpha}$$

8. （1）30.0 m/s；（2）467 m　分析：以地面飞机滑行方向为坐标正方向，由牛顿定律及初始条件，有

$$F = ma = m\frac{dv}{dt} = -at$$

$$\int_{v_0}^{v} dv = \int_0^t -\frac{at}{m}dt$$

解得 $v = v_0 - \frac{a}{2m}t^2$

因此，飞机着陆 10 s 后的速率为 $v = 30.0$ m/s

又

$$\int_{x_0}^{x} dx = \int_0^t \left(v_0 - \frac{a}{2m}t^2\right)dt$$

故飞机着陆后 10 s 内所滑行的距离 $s = x - x_0 = v_0 t - \frac{a}{6m}t^3 = 467$ m

9. $\sqrt{2gR}$　分析：取地球和物体为系统，物体位于地面时系统的机械能为

$$E_0 = \frac{1}{2}mv_0^2 - \frac{Gm_E m}{R}$$

为使初速度最小，当物体远离地球时（$h \to \infty$），其末速度 $v = 0$，此时机械能 $E = 0$。由机械能守恒定律，有

$$\frac{1}{2}mv_0^2 - \frac{Gm_E m}{R} = 0, \quad 即\ v_0 = \sqrt{\frac{2Gm_E}{R}} = \sqrt{2gR}$$

10. $-v\left(1 - \frac{h^2}{(l_0 - vt)^2}\right)^{-\frac{1}{2}} \boldsymbol{i}$　分析：船的运动方程为 $\boldsymbol{r}(t) = x(t)\boldsymbol{i} + (-h)\boldsymbol{j}$，船的运动速度为

$$\boldsymbol{v}' = \frac{d\boldsymbol{r}}{dt} = \frac{dx(t)}{dt}\boldsymbol{i} = \frac{d}{dt}\sqrt{r^2 - h^2}\boldsymbol{i} = \left(1 - \frac{h^2}{r^2}\right)^{-\frac{1}{2}}\frac{dr}{dt}\boldsymbol{i}$$

而收绳的速率 $v = -\frac{dr}{dt}$，且因 $r = l_0 - vt$，故

$$\boldsymbol{v}' = -v\left(1 - \frac{h^2}{(l_0 - vt)^2}\right)^{-\frac{1}{2}} \boldsymbol{i}$$

11. 1.94×10^{-3} m/s；下午 3　分析：设太阳光线对地转动的角速度为 ω，

$$\omega = \frac{2\pi}{T} = \frac{2 \times 3.14}{24 \times 60 \times 60} = 7.26 \times 10^{-5} \text{ rad/s}$$

如图所示，从正午时分开始计时，则杆的影长为 $s = h\tan\omega t$，下午 2 时整，杆顶在地面上影子的速度大小为

$$v = \frac{ds}{dt} = \frac{h\omega}{\cos^2\omega t} = 1.94 \times 10^{-3} \text{ m/s}$$

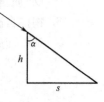

题 7.2.11 图

当杆长等于影长时,即 $s = h$,则

$$t = \frac{1}{\omega}\arctan\frac{s}{h} = \frac{\pi}{4\omega} = 3\times 60\times 60 \text{ s}$$

即为下午 3 时整。

12. 4.00 kg 分析:由于质点最初处于静止,因此,初动量 $p_0 = 0$,初动能 $E_{k0} = 0$,根据动量定理和动能定理分别有

$$I = \Delta p = p - p_0 = p$$
$$W = \Delta E_k = E_k - E_{k0} = E_k$$

而

$$E_k = \frac{1}{2}mv^2 = \frac{p^2}{2m}$$

所以

$$m = \frac{p^2}{2E_k} = \frac{I^2}{2W} = 4.00 \text{ kg}$$

三、选择题

1. 下列哪一种说法是正确的_____。
   A. 运动物体加速度越大,速度越快
   B. 做直线运动的物体,加速度越来越小,速度也越来越小
   C. 切向加速度为正值时,质点运动加快
   D. 法向加速度越大,质点运动的法向速度变化越快

2. 沿直线运动的物体,其速度与时间成反比,则其加速度的大小与速度的关系是_____。
   A. 与速度的大小成正比   B. 与速度大小的平方成正比
   C. 与速度的大小成反比   D. 与速度大小的平方成反比

3. 一质点在平面上运动,已知质点的位置矢量的表示式为 $r = at^2 i + bt^2 j$(其中 a, b 为常量),则该质点做_____。
   A. 匀速直线运动   B. 变速直线运动   C. 抛物线运动   D. 一般曲线运动

4. 下列说法中哪一个是正确的_____。
   A. 合力一定大于分力
   B. 物体速率不变,所受合外力为零
   C. 速率很大的物体,运动状态不易改变
   D. 质量越大的物体,运动状态越不易改变

5. 物体自高度相同的 A 点沿不同长度的光滑斜面自由下滑,斜面倾角多大时,物体滑到斜面底部的速率最大_____。
   A. 30°   B. 45°
   C. 60°   D. 各倾角斜面的速率相等

6. 一原来静止的小球同时受到如题 7.3.6 图所示的力 F_1 和 F_2 的作用,设力的作用

时间相同,问下列哪种情况下,小球最终获得的速度最大_____。

A. $F_1=6$ N, $F_2=0$　　　　　　B. $F_1=0$, $F_2=6$ N

C. $F_1=F_2=8$ N　　　　　　　D. $F_1=6$ N, $F_2=8$ N

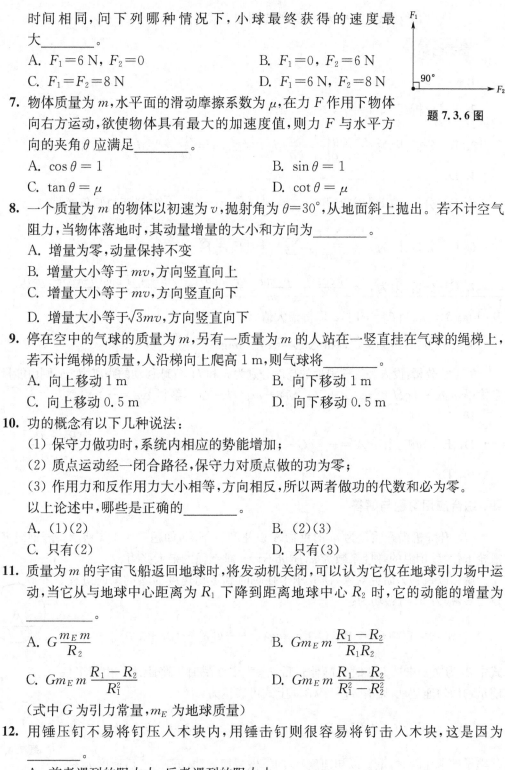

题 7.3.6 图

7. 物体质量为 m,水平面的滑动摩擦系数为 μ,在力 F 作用下物体向右方运动,欲使物体具有最大的加速度值,则力 F 与水平方向的夹角 θ 应满足_____。

A. $\cos\theta = 1$　　　　　　　　B. $\sin\theta = 1$

C. $\tan\theta = \mu$　　　　　　　　D. $\cot\theta = \mu$

8. 一个质量为 m 的物体以初速为 v,抛射角为 $\theta=30°$,从地面斜上抛出。若不计空气阻力,当物体落地时,其动量增量的大小和方向为_____。

A. 增量为零,动量保持不变

B. 增量大小等于 mv,方向竖直向上

C. 增量大小等于 mv,方向竖直向下

D. 增量大小等于 $\sqrt{3}mv$,方向竖直向下

9. 停在空中的气球的质量为 m,另有一质量为 m 的人站在一竖直挂于气球的绳梯上,若不计绳梯的质量,人沿梯向上爬高 1 m,则气球将_____。

A. 向上移动 1 m　　　　　　　B. 向下移动 1 m

C. 向上移动 0.5 m　　　　　　D. 向下移动 0.5 m

10. 功的概念有以下几种说法:

(1) 保守力做功时,系统内相应的势能增加;

(2) 质点运动经一闭合路径,保守力对质点做的功为零;

(3) 作用力和反作用力大小相等,方向相反,所以两者做功的代数和必为零。

以上论述中,哪些是正确的_____。

A. (1)(2)　　　　　　　　　　B. (2)(3)

C. 只有(2)　　　　　　　　　D. 只有(3)

11. 质量为 m 的宇宙飞船返回地球时,将发动机关闭,可以认为它仅在地球引力场中运动,当它从与地球中心距离为 R_1 下降到距离地球中心 R_2 时,它的动能的增量为_____。

A. $G\dfrac{m_E m}{R_2}$　　　　　　　　B. $Gm_E m \dfrac{R_1-R_2}{R_1 R_2}$

C. $Gm_E m \dfrac{R_1-R_2}{R_1^2}$　　　　　D. $Gm_E m \dfrac{R_1-R_2}{R_1^2-R_2^2}$

(式中 G 为引力常量,m_E 为地球质量)

12. 用锤压钉不易将钉压入木块内,用锤击钉则很容易将钉击入木块,这是因为_____。

A. 前者遇到的阻力大,后者遇到的阻力小

B. 前者动量守恒,后者动量不守恒

C. 后者动量变化大,给钉的作用力就大

D. 后者动量变化率大,给钉的作用冲力就大

参考答案:

1. C

2. B 分析:已知 $v=\dfrac{k}{t}$,$t=\dfrac{k}{v}$,则 $a=\dfrac{\mathrm{d}v}{\mathrm{d}t}=-\dfrac{k}{t^2}=-\dfrac{v^2}{k}$

3. B 分析:因为 $\dfrac{x}{y}=\dfrac{at^2}{bt^2}=\dfrac{a}{b}$ 为一常数,$v=\dfrac{\mathrm{d}\boldsymbol{r}}{\mathrm{d}t}=2at\boldsymbol{i}+2bt\boldsymbol{j}$ 和 t 有关。

4. D

5. D 分析:由动能定理得 $mgh=\dfrac{1}{2}mv^2$,$v=\sqrt{2gh}$ 和斜面的倾角无关。

6. C 分析:因为 $a=\dfrac{\sum F}{m}$,$\sum F=\sqrt{F_1^2+F_2^2}$

7. C 分析:因为 $a=\dfrac{F\cos\theta-\mu(mg-F\sin\theta)}{m}=\dfrac{\sqrt{1+\mu^2}F\cos(\theta-\delta)-\mu mg}{m}$,

其中 $\tan\delta=\mu$。当 $\theta=\delta$ 时,a 取得最大值。

8. C 分析:由动量定理得 $\Delta mv=Ft=mg\dfrac{2v\sin\theta}{g}=mv$。

9. D 分析:设人和气球离地的高度分别为 h 和 H,气球移动的距离为 Δh,则由能量守恒定律得 $mgh+mgH=mg(h+1+\Delta h)+mg(H+\Delta h)$,解得 $\Delta h=-0.5$ m

10. C

11. B 分析:由于 $A=-\int_{R_1}^{R_2}G\dfrac{m_E m}{r^2}\mathrm{d}r=\Delta E_k$,解得 $\Delta E_k=Gm_E m\dfrac{R_1-R_2}{R_1 R_2}$

12. D

四、综合应用习题与解答

1. 升降机提升质量为 m 的重物 A 以速度 v_0 下降,如题 7.4.1 图所示。若钢绳突然被滑轮卡住,设钢绳的弹性系数为 k,质量不计。求钢绳的最大张力。

解 以重物为研究对象,研究刚卡住瞬时到重物速度为零的瞬时过程。重力 G,张力 F,所做功为:

$$W_{12}=W_{12}(G)+W_{12}(P)=mg\lambda_m+\dfrac{1}{2}k[\delta_0^2-(\delta_0+\lambda_m)^2]$$

式中 δ_0 为绳子未被卡住时的静伸长量,λ_m 为卡住瞬时下降距离。由于卡住前重物做匀速运动,则有 $mg=k\delta_0$,上式可表达为:

$$W_{12}=W_{12}(G)+W_{12}(P)=mg\lambda_m-\dfrac{1}{2}k\lambda_m^2-k\delta_0\lambda_m=-\dfrac{1}{2}k\lambda_m^2$$

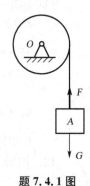

题 7.4.1 图

从绳子被卡住瞬时,重物以初速度 v_0 向下做减速运动,下降 λ_m 后速度为零。

设状态 1 绳子卡住瞬时,状态 1 动能 $=\dfrac{1}{2}mv_0^2$,状态 2 速度 $v=0$,动能 $=0$,根据积分形

式的动能定理,有

$$0 - \frac{1}{2}mv_0^2 = -\frac{1}{2}k\lambda_m^2 \quad 求出 \lambda_m = \pm\sqrt{\frac{m}{k}}v_0$$

负值为压缩状态舍去,由胡克定律,求出绳子的最大张力:

$$T_{\max} = k(\delta_0 + \lambda_m) = mg\left(1 + \frac{v_0}{g}\sqrt{\frac{k}{m}}\right)$$

2. 圆盘直径 $r = 0.5\,\mathrm{m}$,可绕水平轴 O 转动,如题 7.4.2 图所示。在绕过圆盘的绳上吊有两物体 A、B 质量分别为 $m_A = 3\,\mathrm{kg}$,$m_B = 2\,\mathrm{kg}$。绳与盘间无相对滑动。在圆盘上作用一力偶矩,按 $M = 4\varphi$ 的规律变化(力偶矩单位 N·m,φ 单位以 rad 计)。求由 $\varphi = 0$ 到 $\varphi = 2\pi$ 时,力偶 M 与物体 A、B 的重力所做功之总和。

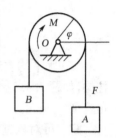

题 7.4.2 图

解 由达朗贝尔原理,按质点系的平衡力系,考虑惯性力做功:

$$W = \int_0^{2\pi} 4\varphi\,\mathrm{d}\varphi + (m_A - m_B)g \cdot 2\pi r = 109.7\,\mathrm{J}$$

3. 长为 l,质量为 m 的匀质杆 OA 以球铰链 O 固定,并以角速度 ω 绕铅直线转动,如题 7.4.3 图所示。如杆与铅直线的交角为 θ,求杆的动能。

解 匀质杆 OA 绕铅直线做定轴转动,$T = \frac{1}{2}J\omega^2$ 先计算转动惯量,取杆微元 $\mathrm{d}x$,距离 O 为 x,由 $J = \sum M_i r_i^2$ 并转化为积分形式:

$$J = \int_0^l \left(\frac{m}{l}\mathrm{d}x\right)(x\sin\theta)^2 = \int_0^l \frac{m}{l}(x\sin\theta)^2\,\mathrm{d}x$$

$$J = \frac{1}{3}ml^2\sin^2\theta,$$

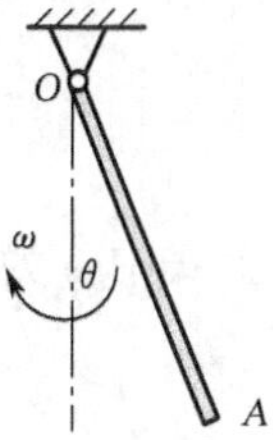

题 7.4.3 图

求出 $T = \frac{1}{6}ml^2\omega^2\sin^2\theta$

4. 如题 7.4.4 图所示,匀质杆 AB 长 l,质量 m,两端分别与光滑铅垂槽内的滑块 B 和水平轨道上的匀质圆柱的质心 A 铰接,滑块质量 m,圆柱 A 质量为 M,半径为 R。运动中 $\theta = \theta(t)$,试写出 $\theta = 45°$ 瞬时的系统动能。

解 C 点为杆 AB 的瞬心,则

$$v_A = \frac{\sqrt{2}}{2}l\dot{\theta},\quad v_C = \frac{l}{2}\dot{\theta},\quad v_B = \frac{\sqrt{2}}{2}l\dot{\theta}$$

所以杆 AB 的动能

$$E_{kAB} = \frac{1}{2}mv_C^2 + \frac{1}{2}J_C\dot{\theta}^2 = \frac{1}{2}m\left(\frac{l}{2}\dot{\theta}\right)^2 + \frac{1}{2}\frac{ml^2}{12}\dot{\theta}^2 = \frac{1}{6}ml^2\dot{\theta}^2$$

滑块 B 的动能:

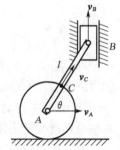

题 7.4.4 图

$$E_{kB} = \frac{1}{2}mv_B^2 = \frac{1}{4}ml^2\dot\theta^2$$

圆柱 A 的动能：

$$E_{kA} = \frac{1}{2}Mv_A^2 + \frac{1}{2}J_A\omega^2 = \frac{1}{2}M\left(\frac{\sqrt{2}}{2}l\dot\theta\right)^2 + \frac{1}{2}\left(\frac{1}{2}MR^2\right)\left(\frac{v_A}{R}\right)^2 = \frac{3}{8}Ml^2\dot\theta^2$$

系统总的动能：

$$E_{kA} + E_{kB} + E_{kAB} = \frac{5}{12}ml^2\dot\theta^2 + \frac{3}{8}Ml^2\dot\theta^2$$

5. 水平均质细杆质量为 m，长为 l，C 为杆质心。杆 A 处为光滑铰链支座，B 端为一挂钩，如题 7.4.5 图所示。如 B 端突然脱落，杆转到铅垂位置时，问 b 值多大能使杆有最大角速度。

解 可对该过程运用动能定理的积分形式，

$$E_{k2} - E_{k1} = W_{12} \qquad E_{k1} = 0$$

则有

$$\frac{1}{2}J_A\omega^2 - 0 = mgb$$

式中

$$\frac{1}{2}J_A = \frac{1}{12}ml^2 + mb^2$$

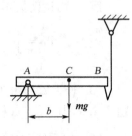

题 7.4.5 图

上式中 ω 为杆摆到铅直位置时的角速度。求出：

$$\omega = \sqrt{\frac{12gb}{l^2 + 12b^2}}$$

根据题意要求，求出上式极大值

$$\frac{d\omega}{db} = 0 \qquad \frac{d^2\omega}{db^2} < 0$$

则

$$b = \frac{\sqrt{3}}{6}l$$

$$\omega_{max} = \frac{\sqrt{3}}{l}g$$

6. 题 7.4.6 图所示车床切削直径 $D = 48$ mm 的工件，主切削力 $F = 7.84$ kN。若主轴转速 $n = 240$ r/min，电动机转速为 $1\,420$ r/min，主传动系统的总效率 $\eta = 0.75$。求车床主轴、电动机主轴分别所受的力矩和电动机的输入功率。

解 先求出车床主轴所受力矩，

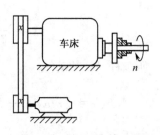

题 7.4.6 图

$$M_1 = F \cdot \frac{D}{2} = \left(7\,840 \times \frac{48}{2} \times 10^{-3}\right) \text{N} \cdot \text{m} = 188.2 \text{ N} \cdot \text{m}$$

机器的有用功率为

$$P_1 = M_1 \omega_1 = M_1 \times \frac{2\pi n}{60} = 4\,729 \text{ W}$$

由机械效率定义,求出电动机的输入功率

$$P_2 = P_1/\eta = 6\,305 \text{ W}$$

则电动机主轴所受力矩:

$$M_2 = \frac{P_2}{\omega_2} \quad \omega_2 = \frac{2\pi n'}{60} = \frac{2\pi \times 1\,420}{60}, \ M_2 = 42.4 \text{ N} \cdot \text{m}$$

第三篇

材料力学

第八章 材料力学基础

一、判断题

1. 固体材料在各个方向上的力学性质都相同的假设,称为各向同性假设,它适用于所有工程材料。 （ ）
2. 由小变形假设,我们可以得出,由于变形很小所以构件可以看成是刚体。 （ ）
3. 研究构件或其一部分的平衡问题时,采用构件变形前的原始尺寸进行计算,是因为采用了小变形假设。 （ ）
4. 内力就是指物体内部的力。 （ ）
5. 理论力学中力的可传性原理在材料力学中也适用。 （ ）
6. 平行截面方向的内力称为剪应力,垂直截面方向的内力称为正应力。 （ ）
7. 构件的承载能力是用构件的强度来衡量。 （ ）
8. 钢、塑料属于各向同性材料,纤维、木材属于各向异性材料。 （ ）
9. 构件的纵向线应变是构件单位纵向尺寸的变形量,横向线应变是构件单位横截面的变形量。 （ ）
10. 泊松比 μ 和弹性模量 E 都是由材料性能决定的物理量。 （ ）

参考答案:

1. 错　2. 错　3. 对　4. 错　5. 错　6. 错　7. 错　8. 对　9. 错　10. 对

二、填空题

1. 材料力学的研究对象是_____。
2. 保证构件安全工作的条件是构件要有足够的_____、_____、_____。
3. 内力是构件各部分之间相互_____而引起的附加值。
4. 杆件是_____尺寸远大于_____尺寸的构件。
5. 材料力学中研究的杆件基本变形的形式有_____、_____、_____和_____。
6. 吊车起吊重物时,钢丝绳的变形是_____;汽车行驶时,传动轴的变形是_____;教室中大梁的变形是_____;建筑物的立柱受_____;铰制孔螺栓连接中的螺杆受_____变形。
7. 常把应力分解成垂直于截面和切于截面的两个分量,其中垂直于截面的分量称为_____,用符号_____表示,切于截面的分量称为_____,用符号_____表示。

8. 求解截面上内力的截面法可以归纳为"截代平",其中"截"是指_____;"代"是指_____;"平"是指_____。
9. 构件的承载能力主要从_____、_____和_____等三方面衡量。
10. 虎克定律的应力适用范围是应力不超过材料的_____极限。

参考答案：

1. 变形固体　2. 强度;刚度;稳定性　3. 作用力的改变　4. 一向;另外两向　5. 轴向拉伸与压缩;剪切;圆轴的扭转;直梁的弯曲　6. 轴向拉伸;圆轴的扭转;直梁的弯曲;轴向压缩;剪切　7. 正应力;σ;剪应力(切应力);τ　8. 沿所需求内力的截面用假象的截面截开;用力来代替去掉部分对保留部分的作用;对保留部分列静力学平衡方程求截面上的内力
9. 强度;刚度;稳定性　10. 比例

三、选择题

1. 有下列几种说法，_____是错误的。
    A. 杆件的几何特征是长度远大于横截面的尺寸
    B. 杆件的轴线是各横截面形心的连线
    C. 杆件的轴线一定是直线
    D. 杆件横截面可以是等截面的也可以是变截面的
2. 为保证构件有足够的抵抗破坏的能力,构件应具有足够的_____。
    A. 刚度　　　　B. 硬度　　　　C. 强度　　　　D. 韧性
3. 为保证构件有足够的抵抗变形的能力,构件应具有足够的_____。
    A. 刚度　　　　B. 硬度　　　　C. 强度　　　　D. 韧性
4. 衡量构件承载能力的标准是构件必须具有足够的_____、足够的_____和足够的_____。
    A. 弹性/塑性/稳性　　　　　　　B. 强度/硬度/刚度
    C. 强度/刚度/稳定性　　　　　　D. 刚度/硬度/稳定性
5. 以下工程实例中,属于刚度问题的是_____。
    A. 起重钢索被重物拉断　　　　B. 车床主轴变形过大
    C. 齿轮轮齿被破坏　　　　　　D. 千斤顶螺杆因压力过大而变弯
6. 以下工程实例中,属于强度问题的是_____。
    A. 起重钢索被重物拉断
    B. 车床主轴变形过大
    C. 千斤顶螺杆因压力过大而变弯
    D. 空气压缩机的活塞杆工作中,在载荷反复作用下折断
7. 以下工程实例中,属于稳定性问题的是_____。
    A. 空气压缩机的活塞杆工作中,在载荷反复作用下折断
    B. 起重钢索被重物拉断
    C. 齿轮轴变形过大而使轴上的齿轮啮合不良
    D. 千斤顶螺杆因压力过大而变弯

8. 当所受压力达到某一临界值后,杆件发生突然弯曲,丧失工作能力,这种现象称为_____。
   A. 塑性变形   B. 弹性变形   C. 失稳   D. 蠕变

9. 关于外力和载荷,有下列说法,正确的是_____。
   ①外力可以是力,也可以是力偶;②外力包括载荷和约束反力;③载荷不包括分布载荷;④载荷包括静载荷和动载荷。
   A. ①②③   B. ②③④   C. ①③④   D. ①②④

10. 下列说法中正确的是_____。
    A. 截面法是分析杆件内力的基本方法
    B. 截面法是分析杆件应力的基本方法
    C. 截面法是分析杆件截面上内力与应力关系的基本方法
    D. 以上三种说法都不对

11. 下列说法中正确的是_____。
    A. 与杆件轴线相正交的截面称为横截面
    B. 对于同一杆件,各横截面的形状和尺寸必定相同
    C. 对于同一杆件,各横截面必相互平行
    D. 以上三种说法都不对

12. 材料力学的内力是指_____。
    A. 物体不受任何外力时,其各质点之间依然存在着的相互作用力
    B. 由于物体上加了外力而产生的附加内力
    C. A和B都对
    D. A和B都不对

13. _____ 能消除尺寸的影响,可作为衡量材料强度的标准。
    A. 内力   B. 外力   C. 应力   D. 分子力

14. 材料应力的单位是_____。
    A. 无量纲   B. 帕   C. 牛顿   D. 千克力

15. 均匀性假设认为材料内部各点的_____是相同的。
    A. 应力   B. 应变   C. 位移   D. 力学性质

参考答案:

1. C 2. C 3. A 4. C 5. B 6. A 7. D 8. C 9. D 10. A
11. A 12. B 13. C 14. B 15. D

第九章　构件的轴向拉伸与压缩

一、判断题

1. 杆件两端受到等值,反向和共线的外力作用时,一定只产生轴向拉伸或压缩变形。
（　）
2. 若沿杆件轴线方向作用的外力多于两个,则杆件各段横截面上的轴力不尽相同。
（　）
3. 轴力图可显示出杆件各段内横截面上轴力的大小但并不能反映杆件各段变形是伸长还是缩短。（　）
4. 一端固定的等截面直杆,受轴向外力的作用,不必求出约束反力即可画出内力图。
（　）
5. 轴向拉伸或压缩杆件横截面上的内力集度一定垂直于杆的横截面。（　）
6. 轴向拉伸或压缩杆件横截面上正应力的正负号规定:正应力方向与横截面外法线方向一致为正,相反时为负,这样的规定和按杆件变形的规定是一致的。（　）
7. 力的可传性原理在材料力学中不适用。（　）
8. 超静定问题在理论力学中无法求解,材料力学中应用变形协调关系该问题就可迎刃而解。（　）
9. 轴力的大小与杆件的材料无关,与其横截面面积和杆件长度有关。（　）
10. 轴力越大,杆件越容易被拉断,因此轴力的大小可用以判断杆件的强度。（　）
11. 由某材料制成的轴向拉伸试件,测得应力和相应的应变,即可求得其 $E = \sigma/\varepsilon$。（　）
12. 轴力是作用于杆件轴线上的外载荷。（　）

参考答案:

1. 错　2. 对　3. 错　4. 对　5. 对　6. 对　7. 对　8. 对　9. 错　10. 错
11. 错　12. 错

二、填空题

1. 杆件轴向拉伸或压缩时,其横截面上的正应力是_____分布的。
2. 轴向拉伸或压缩杆件的轴力垂直于杆件横截面,并通过横截面的_____。
3. 在轴向拉伸或压缩杆件的横截面上的正应力相等是由平面假设认为杆件各纵向纤维的变形大小都_____而推断的。
4. 正方形截面的低碳钢直拉杆,其轴向拉力 3 600 N,若许用应力为 100 MPa,由此杆横截面边长至少应为_____mm。
5. 杆件的弹性模量 E 表征了杆件材料抵抗弹性变形的能力,这说明在相同力作用下,杆件材料的弹性模量 E 值越大,其变形就越_____。

6. 在国际单位制中,弹性模量 E 的单位为_____。
7. 低碳钢材料拉伸实验的四个阶段是_____、_____、_____、_____。
8. 低碳钢试样拉伸时,在初始阶段应力和应变成_____关系,变形是弹性的,而这种弹性变形在卸载后能完全消失的特征一直要维持到应力为_____极限的时候。
9. 在低碳钢应力—应变图上,开始的一段直线与横坐标夹角为 α,由此可知其正切 $\tan\alpha$ 在数值上相当于低碳钢_____的值。
10. 金属拉伸试样在进入屈服阶段后,其光滑表面将出现与轴线成_____角的系统条纹,此条纹称为_____。
11. 使材料试样受拉达到强化阶段,然后卸载,在重新加载时,其在弹性范围内所能达到的最大荷载将_____,而且断裂后的延伸率会降低,此即材料的_____现象。
12. 铸铁试样压缩时,其破坏断面的法线与轴线大致成_____的倾角。
13. 铸铁材料具有_____强度高的力学性能,而且耐磨、价廉,故常用于制造机器底座床身和缸体等。
14. 混凝土这种脆性材料常通过加钢筋来提高混凝土构件的抗_____能力。
15. 为了保证构件安全可靠地工作,在工程设计时通常把_____应力作为构件实际工作应力的最高限度。
16. 安全系数取值大于1的目的是为了使工程构件具有足够的_____储备。
17. 设计构件时,若片面地强调安全而采用过大的_____,则不仅浪费材料而且会使所设计的结构物笨重。
18. 两拉杆所受轴力相同,截面面积相同,但截面形状不同,杆件的材料不同,它们俩的应力_____,许用应力_____。
19. 三根杆尺寸相同,材料不同,其 σ-ε 曲线图如题9.2.19图所示,则_____强度最高,_____刚度最大,_____塑性最好。
20. 铸铁拉伸时,由于_____作用,试件沿_____截面断裂;低碳钢屈服时,在45°方向上出现滑移线,这是由于_____引起的。
21. 低碳钢的 σ-ε 曲线如题9.2.21图所示,则:材料弹性模量 E = _____ GPa;材料屈服点 σ_s = _____ MPa;材料的抗拉强度 σ_b = _____ MPa。

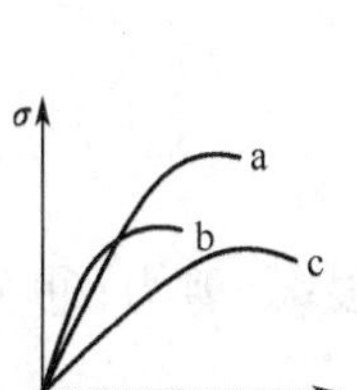

题9.2.19图 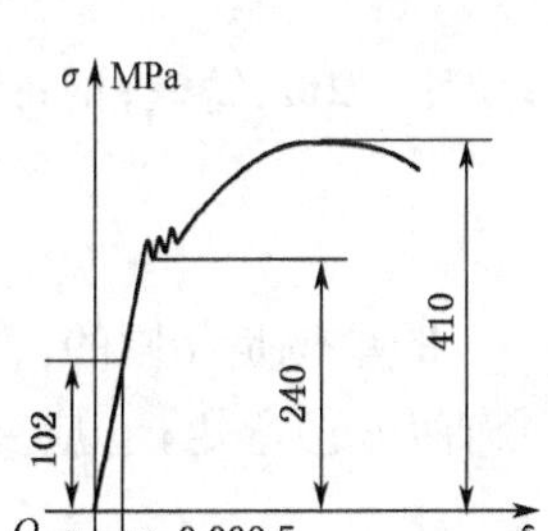 题9.2.21图 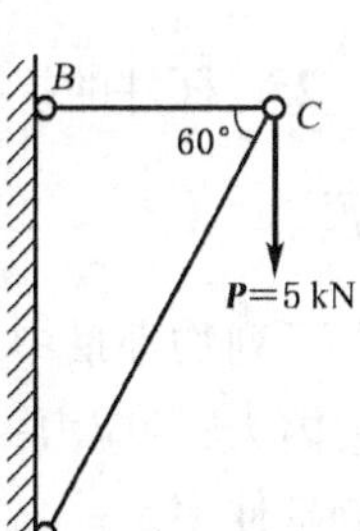 题9.2.22图

22. 题9.2.22图示结构中 BC 和 AC 杆都属于二力构件。当 P = 5 kN 时,可求得 S_{AC} = _____,S_{BC} = _____。

23. 衡量材料塑性的两个重要指标是_____、_____。

24. 塑性材料的危险应力是_____，脆性材料的危险应力是_____。

25. EA 称为_____，反映了杆件抵抗_____变形的能力。

26. 试判断下列试件是钢还是铸铁？

  A. 其材料为_____， B. 其材料为_____， C. 其材料为_____，

  D. 其材料为_____， E. 其材料为_____， F. 其材料为_____。

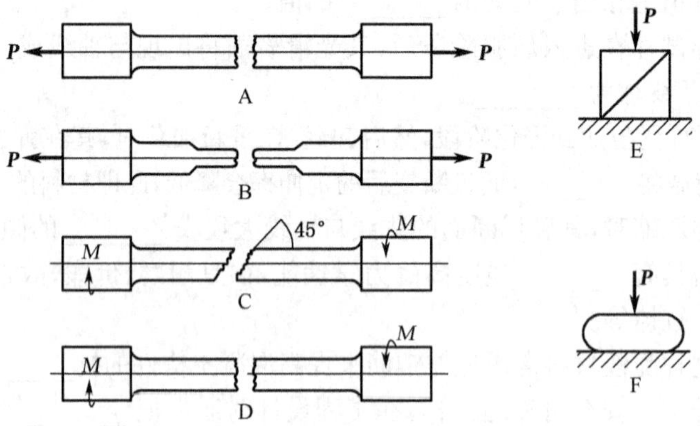

题 9.2.26 图

27. 现有钢铸铁两种棒材，其直径相同。从承载能力和经济效益两方面考虑，题 9.2.27 图示结构中两杆的合理选材方案是：

  (1) 1 杆为_____;

  (2) 2 杆为_____。

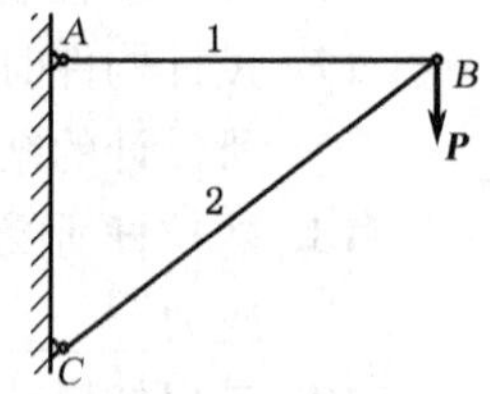

题 9.2.27 图

参考答案：

1. 均匀 2. 形心 3. 相等 4. 6 5. 小 6. GPa 7. 弹性；屈服；强化；颈缩断裂 8. 正比；弹性 9. E 10. 45°；滑移线 11. 提高；冷作硬化 12. 45° 13. 抗压 14. 拉 15. 许用 16. 安全 17. 横截面积 18. 相等；不相等 19. a；b；c 20. 拉力；横剪应力 21. 204；240；410 22. $\frac{10}{3}\sqrt{3}$ kN；$\frac{5}{3}\sqrt{3}$ kN 23. 延伸率；截面收缩率 24. 屈服极限；强度极限 25. 杆件的抗拉压刚度；拉压 26. 铸铁；钢；铸铁；钢；铸铁；钢 27. 钢；铸铁

三、选择题

1. 在下列物理量中，_____的单位是相同的。

  ①内力；②应力；③扭矩；④轴力；⑤弯矩；⑥应变；⑦压强；⑧剪力；⑨弹性极限；⑩延伸率。

  A. ①②⑦   B. ①②⑦⑨   C. ③⑤   D. ①③④⑤⑧

2. 下列结论中，_____是正确的。

  A. 内力是应力的代数和   B. 应力是内力的平均值

  C. 应力是内力的集度   D. 内力必大于应力

3. 单位面积上的切向力称为_____。
   A. 正应力　　　　B. 剪应力　　　　C. 应力　　　　D. 表面力
4. 单位面积上的法向力称为_____。
   A. 正应力　　　　B. 剪应力　　　　C. 应力　　　　D. 表面力
5. 杆件在发生不同的变形时,其横截面上的应力的单位是_____。
   A. 相同的　　　　　　　　　　　B. 不同的
   C. 没有的　　　　　　　　　　　D. 视变形情况而定的
6. 杆件在发生不同的变形时,其横截面上的内力是_____。
   A. 相同的　　　　　　　　　　　B. 不同的
   C. 没有的　　　　　　　　　　　D. 视变形情况而定的
7. 材料应变的单位是_____。
   A. 帕　　　　　　B. 米　　　　　　C. 牛顿　　　　　D. 无量纲
8. 正应力的单位与_____的单位是相同的。
   A. 内力　　　　　B. 应变　　　　　C. 弹性　　　　　D. 弹性模量
9. 在正应变相同时,正应力_____的材料的拉压弹性模量_____。
   A. 越大/越大　　　B. 越大/越小　　　C. 越小/越大　　　D. 无法确定
10. 当载荷不超过某一范围时,多数材料在去除载荷后能恢复原有的形状和尺寸,材料的这种性质称为_____;去除载荷后能够消失的变形称为_____。
    A. 弹性/弹性变形　　　　　　　　B. 塑性/塑性变形
    C. 弹性/塑性变形　　　　　　　　D. 塑性/弹性变形
11. 当载荷超过某一范围时,在去除载荷后,变形只能部分恢复而残留下一部分变形不能消失,材料的这种性质称为_____;不能复原而残留下来的变形称为_____。
    A. 弹性/弹性变形　　　　　　　　B. 塑性/塑性变形
    C. 弹性/塑性变形　　　　　　　　D. 塑性/弹性变形
12. 不管构件变形怎样复杂,它们常常是轴向拉压、剪切、_____和_____等基本变形形式所组成。
    A. 弯曲/膨胀　　　B. 弯曲/错位　　　C. 弯曲/扭转　　　D. 弯曲/位移
13. 受拉压变形的杆件,各截面上的内力为_____。
    A. 剪力　　　　　B. 扭矩　　　　　C. 弯矩　　　　　D. 轴力
14. 关于轴力,有下列说法_____。
    ①轴力是轴向拉压杆横截面上唯一的内力;②轴力必垂直于杆件的横截面;③非轴向拉压的杆件,横截面上不可能有轴向力;④轴力作用线不一定通过杆件横截面的形心。
    A. ①②对　　　　B. ③④对　　　　C. ①③对　　　　D. ②④对
15. 杆件拉压变形时,横截面上的正应力分布为_____。
    A. 抛物线分布　　B. 等值分布　　　C. 梯形分布　　　D. 不规则分布
16. 用应力、应变表示的虎克定律为_____。
    A. $\sigma = E/\varepsilon$　　B. $\sigma = \varepsilon/E$　　C. $\sigma = E\varepsilon$　　D. $\sigma = 1/E\varepsilon$
17. 截面积为 A、长度为 L 的杆件受拉力为 F,在其弹性变形范围内,伸长量 ΔL 与

_____成正比,与_____成反比。

A. F/L　　　B. F/A　　　C. L/F　　　D. A/F

18. 甲乙两杆,横截面面积、材料、轴力均相等,而长度不等,则它们的_____和_____相等。

A. 应力/应变　　　　　　　　B. 应力/变形
C. 变形/应变　　　　　　　　D. 剪力/变形

19. 甲乙两杆几何尺寸相同,轴向拉力不同,材料相同,则它们的_____。

A. 应力和应变都相同　　　　B. 应力和应变都不同
C. 应力相同应变不同　　　　D. 应力不同应变相同

20. 在正应力相同时,材料的拉压弹性模量_____,其正应变_____。

A. 越大/越大　　B. 越大/越小　　C. 越小/越小　　D. 无法确定

21. 若两等直杆的长度和横截面面积相同,其中一根为钢杆,另一根为铝杆,受相同的拉力作用,则_____。

A. 铝杆的应力和钢杆相同,而变形大于钢杆
B. 铝杆的应力和变形都大于钢杆
C. 铝杆的应力和钢杆相同,而变形小于钢杆
D. 铝杆的应力和变形都小于钢杆

22. 如题 9.3.22 图所示阶梯形杆,AB 段为钢,BD 段为铝,在外力 P 作用下_____。

A. AB 段轴力最大
B. BC 段轴力最大
C. CD 段轴力最大
D. 三段轴力一样大

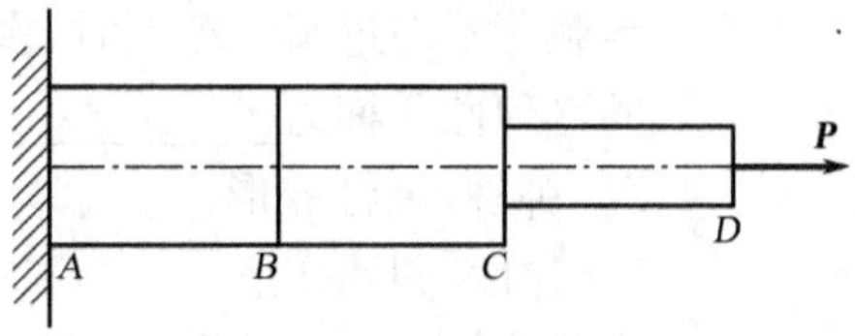

题 9.3.22 图

23. 横截面积为 A 的圆截面杆受轴向拉力作用,若将其改成截面积仍为 A 的空心圆截面杆件,其他条件不变,以下结论中正确的是_____。

A. 轴力增大,正应力增大,轴向变形增大
B. 轴力减小,正应力减小,轴向变形减小
C. 轴力增大,正应力增大,轴向变形减小
D. 轴力、正应力、轴向变形均不发生变化

24. 对于在弹性范围内受力的拉压杆,以下结论中错误的是_____。

A. 长度相同、受力相同的杆件,拉压刚度越大,轴向变形越小
B. 材料相同的杆件,正应力越大,轴向正应变越大
C. 杆件受力相同,横截面面积相同但形状不同,其横截面上轴力相等
D. 正应力是由杆件所受外力引起的,故只要所受外力相同,正应力也相同

25. 低碳钢拉伸试验中,所能承受的最大应力值是_____。

A. 比例极限　　B. 屈服极限　　C. 强度极限　　D. 许用应力

26. 两杆的材料、横截面积和受力均相同,而一杆的长度为另一杆长度的两倍。比较它们的轴力、横截面上的正应力、正应变和轴向变形,以下结论中正确的是_____。

A. 两杆的轴力、正应力、正应变和轴向变形都相同

B. 两杆的轴力、正应力相同,而长杆的正应变和轴向变形较短杆的大

C. 两杆的轴力、正应力和正应变都相同,而长杆的轴向变形较短杆的大

D. 两杆的轴力相同,而长杆的正应力、正应变和轴向变形都较短杆的大

27. 低碳钢拉伸试验的应力—应变曲线大致可分为四个阶段,这四个阶段是_____。

A. 弹性阶段、屈服阶段、塑性变形阶段、断裂阶段

B. 弹性阶段、塑性变形阶段、强化阶段、颈缩阶段

C. 弹性阶段、屈服阶段、强化阶段、断裂阶段

D. 弹性阶段、屈服阶段、强化阶段、颈缩阶段

28. 材料力学中,力的可传性和加减平衡力系公理_____。

A. 仍然适用　　　　　　　　B. 前者适用,后者不适用

C. 都不适用　　　　　　　　D. 前者不适用,后者适用

29. 如题 9.3.29 图所示阶梯杆,CD 段为铝,横截面面积为 A;BC 和 DE 段为钢,横截面面积均为 $2A$,设 1-1,2-2,3-3 截面上的正应力分别为 σ_1,σ_2,σ_3。则其大小次序为_____。

A. $\sigma_1 > \sigma_2 > \sigma_3$　　　　　B. $\sigma_2 > \sigma_3 > \sigma_1$

C. $\sigma_3 > \sigma_1 > \sigma_2$　　　　　D. $\sigma_2 > \sigma_1 > \sigma_3$

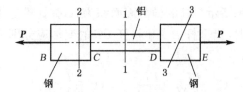

题 9.3.29 图　　　　　　　题 9.3.30 图

30. 如题 9.3.30 图所示一阶梯形杆件受拉力 P 的作用,其截面 1-1,2-2,3-3 上的内力分别为 N_1,N_2 和 N_3。三者的关系为_____。

A. $N_1 \neq N_2$,$N_2 \neq N_3$　　　　B. $N_1 \neq N_2$,$N_2 = N_3$

C. $N_1 = N_2$,$N_2 > N_3$　　　　D. $N_1 = N_2$,$N_2 = N_3$

31. 如题 9.3.31 图所示杆件受到大小相等的四个轴向力 P 的作用,其中_____段的变形为零。

A. AB　　　　B. AC　　　　C. AD　　　　D. BC

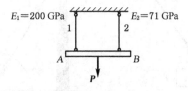

题 9.3.31 图　　　　　　　题 9.3.32 图

32. 如题 9.3.32 图所示钢梁 AB 由长度和横截面面积相等的钢杆 1 和铝杆 2 支承,在载荷 P 作用下,欲使钢梁平行下移,则载荷 P 的作用点应_____。

A. 靠近 A 端　　　　　　　　B. 靠近 B 端

C. 在 AB 梁的中点　　　　　D. 任意点

33. 如题 9.3.33 图所示同一种材料制成的阶梯杆，欲使 $\sigma_1 = \sigma_2$，则两杆直径 d_1 和 d_2 的关系为：_____。

   A. $d_1 = 1.414 d_2$ B. $d_1 = 0.707 d_2$
   C. $d_1 = d_2$ D. $d_1 = 2 d_2$

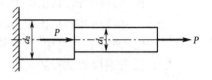

题 9.3.33 图

34. 一拉伸钢杆，弹性模量 $E = 200$ GPa，比例极限 $\sigma_p = 200$ MPa，今测得轴 $\varepsilon = 0.0015$，则横截面上的正应力_____。

   A. $\sigma = E\varepsilon = 300$ MPa   B. $\sigma > 300$ MPa
   C. 200 MPa $< \sigma < 300$ MPa   D. $\sigma < 200$ MPa。

35. 拉伸试验时，将试样拉伸到强化阶段卸载，则拉伸图 $P-\Delta L$ 曲线要沿着_____卸载至零。

   A. 原来的拉伸图曲线   B. 任意的一条曲线
   C. 平行于拉力 P 轴的直线   D. 近乎平行于弹性阶段的斜直线

36. 铸铁试样在做压缩试验时，试样沿倾斜面破坏，说明铸铁的_____。
   A. 抗剪强度小于抗压强度   B. 抗压强度小于抗剪强度
   C. 抗压强度小于抗拉强度   D. 抗拉强度小于抗压强度

37. 由两杆铰接而成的三角架（如题 9.3.37 图所示），杆的横截面面积为 A，弹性模量为 E，当在节点 B 处受到铅垂载荷 P 作用时，铅垂杆 AB 和斜杆 BC 的变形应分别为_____。

   A. $\dfrac{Pl}{EA}, \dfrac{4Pl}{3EA}$ B. $0, \dfrac{Pl}{EA}$ C. $\dfrac{Pl}{2EA}, \dfrac{Pl}{\sqrt{3}EA}$ D. $\dfrac{Pl}{EA}, 0$

38. 固定电线杆所用的钢缆（如题 9.3.38 图所示）的横截面面积为 $A = 1 \times 10^3$ mm^2，钢缆的弹性模量为 $E = 200$ GPa，为了使钢缆中的张力达到 100 kN，应当使钢缆张紧器收缩的相对位移为_____mm。

   A. 6.67   B. 5.78   C. 5.0   D. 4.82

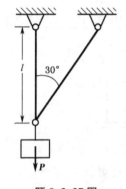

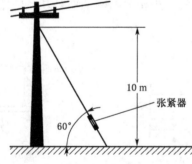

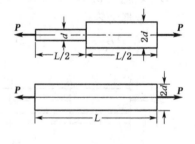

题 9.3.37 图   题 9.3.38 图   题 9.3.39 图

39. 两圆杆材料相同，杆 I 为阶梯杆，杆 II 为等直杆，受到拉力 P 的作用（如题 9.3.39 图所示），分析两杆的变形情况，可知杆 I 的伸长_____的结论是正确的。
   A. 为杆 II 伸长的 2 倍   B. 小于杆 II 的伸长

  C. 为杆Ⅱ伸长的 2.5 倍   D. 等于杆Ⅱ的伸长

40. 几何尺寸相同的两根杆件,其弹性模量分别为 $E_1=180$ GPa, $E_2=60$ GPa,在弹性变形的范围内两者的轴力相同,这时产生的应变的比值应为_____。
  A. 1/3   B. 1   C. 2   D. 3

41. 将弹性模量分别为 E_1 和 E_2,形状尺寸相同的两根杆并联地固接在两端的刚性板上,如题 9.3.41 图所示,在载荷 P 的作用下,两杆拉伸变形相等,则 E_1 和 E_2 的关系为_____。
  A. $E_1 < E_2$ B. $E_1 = E_2$
  C. $E_1 > E_2$ D. E_1,E_2 为任意

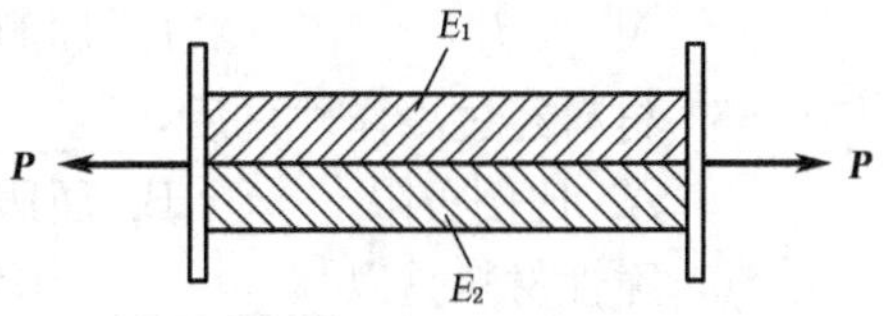

题 9.3.41 图

42. 一空心圆截面直杆,其内外径之比为 0.5,两端承受拉力作用。若将杆的内外径均变为原来的 4 倍,则杆的抗拉刚度将是原来的_____倍。
  A. 4   B. 16   C. 64   D. 256

43. 杆件的抗拉压刚度为_____。
  A. GJ_p B. EJ_z C. EA D. GA

44. 一圆截面直杆,两端承受拉力作用。若将其直径增加一倍,则杆的抗拉刚度将是原来的_____倍。
  A. 8   B. 6   C. 4   D. 2

45. 在弹性范围内,材料的正应力与正应变成_____,与材料的性质_____。
  A. 正比/有关   B. 正比/无关   C. 反比/有关   D. 反比/无

46. 在其他条件不变时,若受轴向拉伸的杆件的直径增大一倍,则杆件横截面上的正应力和线应变将减少_____
  A. 1 倍   B. $\frac{1}{2}$ C. $\frac{3}{4}$ D. $\frac{2}{3}$

47. 在其他条件不变时,若受轴向拉伸杆件的直径由 d 变为 $2d$,则杆件横截面上的正应力将由 σ 变为_____。
  A. $\sigma/4$ B. $\sigma/2$ C. 2σ D. 4σ

48. 正确的虎克定律的表达式为_____。
  A. $\varepsilon = \sigma \cdot E$ B. $E = \sigma \cdot \varepsilon$ C. $E = \dfrac{PL}{\Delta l \cdot A}$ D. $\varepsilon = \dfrac{EA}{P}$

49. 两直杆横截面面积 A、长度 L 及外载 P 均相同,若 $E_1 > E_2$,则有_____。
  A. $\sigma_1 > \sigma_2$, $\varepsilon_1 > \varepsilon_2$ B. $\sigma_1 < \sigma_2$, $\varepsilon_1 < \varepsilon_2$
  C. $\sigma_1 = \sigma_2$, $\varepsilon_1 < \varepsilon_2$ D. $\sigma_1 < \sigma_2$, $\varepsilon_1 = \varepsilon_2$

50. 低碳钢材料在卸载后,不产生塑性变形的极限应力是_____。
  A. 屈服极限   B. 比例极限   C. 弹性极限   D. 强度极限

51. 低碳钢试件拉伸实验中,在_____阶段中,材料由于塑性变形使内部晶格发生变化。
  A. 弹性   B. 屈服   C. 强化   D. 颈缩

52. 塑性材料经过冷作硬化处理后,它的_____得到提高。

A. 强度极限 B. 比例极限 C. 延伸率 D. 截面收缩率

53. 使用脆性材料时应主要考虑_____。
    A. 应力 B. 屈服极限 C. 冲击应力 D. 强度极限

54. 使用塑性材料时应主要考虑_____。
    A. 应力 B. 屈服极限 C. 冲击应力 D. 强度极限

55. 材料经过冷作硬化后，_____相对减小。
    A. 比例极限 B. 屈服极限 C. 脆性 D. 塑性变形

56. 脆性材料是以_____作为极限应力。
    A. 屈服极限 B. 强度极限 C. 比例极限 D. 弹性极限

57. 延伸率_____的材料称为脆性材料。
    A. 大于1% B. 小于1% C. 大于5% D. 小于5%

58. 低碳钢材料的延伸率一般_____。
    A. >10% B. >15% C. <5% D. >20%

59. 塑性材料是以_____作为极限应力。
    A. 屈服极限 B. 强度极限
    C. 比例极限 D. 弹性极限

60. 铸铁压缩时的强度极限_____拉伸时的强度极限。
    A. 大于 B. 小于 C. 等于 D. 小于等于

61. _____一般可以用铸铁制造。
    A. 梁 B. 轴 C. 螺栓 D. 机床机身

62. 材料的实际应力比危险应力_____。
    A. 稍大 B. 稍小 C. 相等 D. 小得多

参考答案：

1. C 2. C 3. B 4. A 5. A 6. B 7. D 8. D 9. A 10. A
11. B 12. C 13. D 14. A 15. B 16. C 17. B 18. A 19. B 20. B
21. A 22. D 23. D 24. D 25. C 26. D 27. D 28. C 29. A 30. D
31. D 32. A 33. B 34. C 35. D 36. A 37. D 38. B 39. C 40. A
41. B 42. D 43. C 44. D 45. B 46. D 47. A 48. C 49. C 50. C
51. B 52. B 53. D 54. B 55. D 56. B 57. D 58. D 59. A 60. A
61. D 62. D

四、综合应用习题与解答

1. 试求题 9.4.1 图所示各题杆件 1-1、2-2 及 3-3 截面上的轴力，并作轴力图。

(a) **解**

(1) 求各段轴力

$$N_1 = -30 \text{ kN}$$
$$N_2 = 0$$
$$N_3 = 60 \text{ kN}$$

(2) 作轴力图如图所示

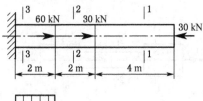

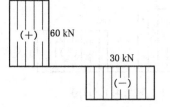

题 9.4.1.(a)图

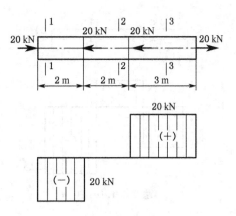

题 9.4.1.(b)图

(b) **解**

(1) 求各段轴力

$$N_1 = -20 \text{ kN}$$
$$N_2 = 0$$
$$N_3 = 20 \text{ kN}$$

(2) 作轴力图如图所示

(c) **解**

(1) 求各段轴力

$$N_1 = 20 \text{ kN}$$
$$N_2 = -20 \text{ kN}$$
$$N_3 = 40 \text{ kN}$$

(2) 作轴力图如图所示

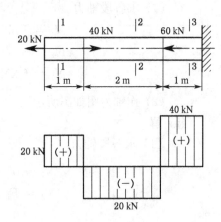

题 9.4.1.(c)图

(d) **解**

(1) 求各段轴力

$$N_1 = -20 \text{ kN}$$
$$N_2 = 5 \text{ kN}$$
$$N_3 = 15 \text{ kN}$$

(2) 作轴力图如图所示

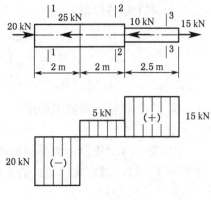

题 9.4.1.(d)图

(e) **解**

(1) 求各段轴力

$$N_1 = -2 \text{ kN}$$
$$N_2 = 1 \text{ kN}$$
$$N_3 = -3 \text{ kN}$$

(2) 作轴力图如图所示

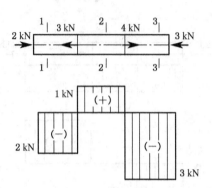

题 9.4.1.(e)图

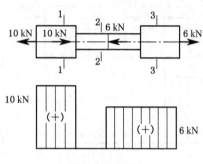

题 9.4.1.(f)图

(f) 解

(1) 求各段轴力

$$N_1 = 10 \text{ kN}$$
$$N_2 = 0$$
$$N_3 = 6 \text{ kN}$$

(2) 作轴力图如图所示

(g) 解

(1) 求各段轴力

$$N_1 = 0$$
$$N_2 = F_P$$
$$N_3 = 0$$

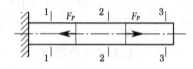

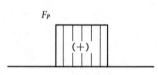

题 9.4.1.(g)图

(2) 作轴力图如图所示

(h) 解

(1) 求各段轴力

$$N_1 = 4 \text{ kN}$$
$$N_2 = -5 \text{ kN}$$
$$N_3 = -2 \text{ kN}$$

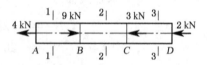

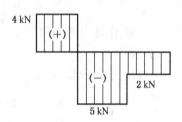

题 9.4.1.(h)图

(2) 作轴力图如图所示

2. 题 9.4.2 图所示为柴油机连杆螺栓,最小直径 $d = 8.5$ mm,装配时拧紧产生的拉力 $F = 8.7$ kN。试求螺栓最大的正应力。

解 (1) 求轴力

$$F_N = F = 8.7 \text{ kN}$$

(2) 求应力

$$\sigma_1 = \frac{F_N}{A_{min}} = \frac{8.7 \times 10^3}{0.785 \times 8.5^2} = 153 \text{ MPa}$$

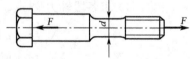

题 9.4.2 图

3. 题 9.4.3 图所示,已知较细段 $A_1 = 200\text{ mm}^2$,较粗段 $A_2 = 300\text{ mm}^2$,$E = 200\text{ GPa}$,$L = 100\text{ mm}$,求各段截面的应力和杆件的总变形。

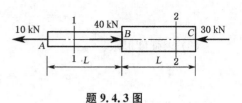

题 9.4.3 图

解 (1) 求各截面的轴力并作轴力图

$$F_1 = 10\text{ kN},\ F_2 = -30\text{ kN}$$

(2) 求应力

$$\sigma_1 = \frac{F_1}{A_1} = \frac{10 \times 10^3}{200} = 50\text{ MPa}$$

$$\sigma_2 = \frac{F_2}{A_2} = \frac{-30 \times 10^3}{300} = -100\text{ MPa}$$

(3) 求杆件总变形

$$\Delta l = \frac{F_1 L}{EA_1} + \frac{F_2 L}{EA_2} = \frac{100 \times 10^3}{2 \times 10^5}\left(\frac{10}{200} - \frac{30}{300}\right) = -2.5 \times 10^{-2}\text{ mm}$$

4. 两种材料制成的圆杆,如题 9.4.4 图所示。直径 $d = 40\text{ mm}$,杆总伸长 $\Delta l = 0.126\text{ mm}$,钢、铜的弹性模量分别为 $E_\text{钢} = 210\text{ GPa}$、$E_\text{铜} = 100\text{ GPa}$。试求载荷 F 及杆内的最大正应力 $\sigma_{\max}$。

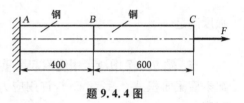

题 9.4.4 图

解 (1) 总变形公式求 F

$$\Delta l = \frac{F \times 400}{E_\text{钢} A} + \frac{F \times 600}{E_\text{铜} A} = \frac{F}{A \times 10^3}\left(\frac{400}{210} + \frac{600}{100}\right)$$

$$0.126 = \frac{F}{0.785 \times 40^2 \times 10^3}(1.9 + 6)$$

$$F = \frac{0.126 \times 0.785 \times 40^2 \times 10^3}{7.9} = 20\text{ kN}$$

(2) 求最大正应力

$$\sigma_{\max} = \frac{F}{A} = \frac{20 \times 10^3}{0.785 \times 40^2} = 16\text{ MPa}$$

5. 20 号钢的拉伸试件,直径 $d = 10\text{ mm}$,标距 $L_0 = 50\text{ mm}$。在拉伸试验弹性阶段测得拉力增量 $\Delta F = 9\text{ kN}$,对应伸长量 $\Delta l = 0.028\text{ mm}$,屈服点时拉力 $F_s = 17\text{ kN}$。拉断前最大拉力 $F_b = 32\text{ kN}$,拉断后量得标距 $L_1 = 62\text{ mm}$,断口处直径 $d_1 = 6.9\text{ mm}$。试计算 20 号钢的 E、σ_s、σ_b、δ 和 ψ 值。

解 (1) 求弹性模量:

$$\Delta l = \frac{\Delta F \times L_0}{EA},\ E = \frac{\Delta F \times L_0}{\Delta l \times A} = \frac{9\,000 \times 50}{0.028 \times 0.785 \times 100} = 205\text{ GPa}$$

(2) 求屈服极限:

$$\sigma_s = \frac{F_s}{A} = \frac{17 \times 10^3}{0.785 \times 10^2} = 217 \text{ MPa}$$

(3) 求强度极限：

$$\sigma_b = \frac{F_b}{A} = \frac{32 \times 10^3}{0.785 \times 10^2} = 408 \text{ MPa}$$

(4) 求延伸率：

$$\delta = \frac{L_1 - L_0}{L_0} = \frac{62 - 50}{50} \times 100\% = 24\%$$

(5) 求截面收缩率：

$$\psi = \frac{\Delta A}{A} = \frac{78.5 - 37.37}{78.5} \times 100\% = 52\%$$

6. 题 9.4.6 图所示的吊环螺钉 M12，其内径为 $d_1 = 10$ mm，吊重 $P = 6$ kN，其材料的许用应力 $[\sigma] = 80$ MPa，试校核此螺钉的强度。

解 $\sigma_{max} = \dfrac{P}{A} = \dfrac{6 \times 10^3}{0.785 \times 10^2} = 76 \text{ MPa} < 80 \text{ MPa}$

强度满足

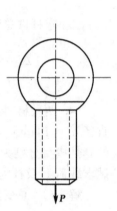

题 9.4.6 图

7. 题 9.4.7 图所示用绳索起吊重物。已知 $G = 20$ kN，$\alpha = 30°$，绳索横截面积 $A = 12.6$ cm²，许用应力 $[\sigma] = 10$ MPa。试校核绳索的强度。

解 (1) 取 A 为研究对象，求 T_1、T_2。由受力图知 $T_1 = T_2$

$$\sum F_y = 0, \quad F - 2T_1 \times \cos 30° = 0$$

$$T_1 = T_2 = \frac{\sqrt{3}}{3}F = \frac{20}{3}\sqrt{3} \text{ kN}$$

(2) 校核强度

$$\sigma = \frac{T}{A} \leqslant [\sigma]$$

$$\sigma = \frac{T}{A} = \frac{20 \times 10^3}{12.6 \times 10^{-4} \times 1.732} = 9.2 \text{ MPa} \leqslant [\sigma]$$

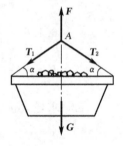

题 9.4.7 图

强度满足

8. 题 9.4.8 图所示钢拉杆，受轴向力 $F = 40$ kN，若拉杆材料的许用应力 $[\sigma] = 100$ MPa，确定截面尺寸 a 和 b 的大小。

解 根据拉压强度条件 $\sigma = \dfrac{F}{A} \geqslant [\sigma]$ 有：

$$a = \sqrt{\frac{40\,000}{2 \times 100}} = 14.2 \text{ mm}$$

$$b = 2a = 28.3 \text{ mm}$$

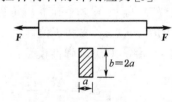

题 9.4.8 图

9. 如题9.4.9图所示铸铁支架，B点受载荷$F = 50$ kN，铸铁许用拉应力$[\sigma_1] = 30$ MPa，许用压应力$[\sigma_y] = 90$ MPa。求杆AB和BC应有的截面积。

解 （1）求F_{AB}、F_{BC}

$$\sum F_y = 0, -F_{BC} \times \cos 30° - F = 0$$

$$F_{BC} = -\frac{50 \times 2\sqrt{3}}{3} = -57.7 \text{ kN}$$

$$\sum F_x = 0, -F_{AB} - F_{BC} \sin 30° = 0$$

$$F_{AB} = -\frac{1}{2} F_{BC} = 28.85 \text{ kN}$$

（2）求A_{AB}、A_{BC}

$$A_{AB} = \frac{F_{AB}}{[\sigma_1]} \leqslant \frac{28.85 \times 1\,000}{30} = 962 \text{ mm}^2$$

$$A_{BC} = \frac{F_{BC}}{[\sigma_y]} \leqslant \frac{57.7 \times 1\,000}{90} = 641 \text{ mm}^2$$

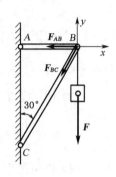

题 9.4.9 图

10. 题9.4.10图所示桁架，杆1为圆截面钢杆，杆2为方截面木杆，在节点A处承受铅直方向的载荷F作用，试确定钢杆的直径d与木杆截面的边宽b。已知载荷$F = 50$ kN，钢的许用应力$[\sigma]_1 = 160$ MPa，木的许用应力$[\sigma]_2 = 10$ MPa。

解 （1）应用静力方程求解AB、AC杆的内力

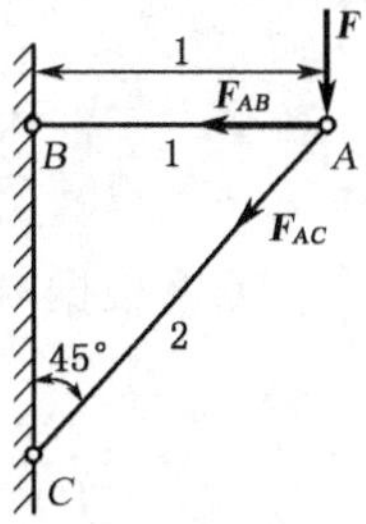

$$\sum F_y = 0 \quad -F - F_{AC} \times \sin 45° = 0 \quad F_{AC} = -70.7 \text{ kN}$$

$$\sum F_x = 0 \quad -F_{AB} - F_{AC} \cos 45° = 0 \quad F_{AB} = 50 \text{ kN}$$

（2）应用强度条件确定钢杆直径d

$$d = \sqrt{\frac{4F_{AB}}{\pi \times [\sigma]_1}} = \sqrt{\frac{200\,000}{3.14 \times 160}} = 20.0 \text{ mm}$$

题 9.4.10 图

（3）应用强度条件确定木杆截面的边宽b

$$b = \sqrt{\frac{F_{AC}}{[\sigma]_2}} = \sqrt{\frac{70\,700}{10}} = 84.1 \text{ mm}$$

11. 简易吊车如题9.4.11图所示，BC为钢杆，AB为木杆。木杆AB横截面面积$A_1 = 100 \text{ cm}^2$，许用应力$[\sigma]_1 = 7$ MPa；钢杆BC横截面面积$A_2 = 6 \text{ cm}^2$许用应力$[\sigma]_2 = 160$ MPa，求许可吊重P。

解 （1）求P与F_1、F_2的关系

$$\sum F_x = 0, \quad F_1 + F_2 \cos 30° = 0 \quad ①$$

$$\sum F_y = 0, \quad F_2 \sin 30° - P = 0 \quad ②$$

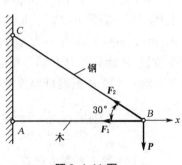

题 9.4.11 图

由 ② $F_2 = 2P$　代入 ① $F_1 = -\sqrt{3}P$

(2) 由 AB 杆强度求 $P_{1\max}$

$$\sigma_1 = \frac{F_1}{A_1} \leqslant [\sigma]_1,\ -\sqrt{3}P_{1\max} \leqslant [\sigma]_1 \times A_1$$

$$\sqrt{3}P_{1\max} \leqslant 100 \times 100 \times 7,\ P_{1\max} = 40.4\ \text{kN}$$

(3) 由 BC 杆强度求 $P_{2\max}$

$$\sigma_2 = \frac{F_2}{A_2} \leqslant [\sigma]_2,\ 2P_{2\max} \leqslant [\sigma]_2 \times A_1,\ 2P_{2\max} \leqslant 600 \times 160,\ P_{2\max} = 48\ \text{kN}$$

(4) 许可吊重 $P_{\max}$

$$P_{\max} = \min(P_1, P_2) = 40.4\ \text{kN}$$

12. 题 9.4.12 图所示结构,已知 AB 杆的横截面积 $A_1 = 6\ \text{cm}^2$,许用应力 $[\sigma]_1 = 140\ \text{MPa}$,BC 杆的横截面积 $A_2 = 300\ \text{cm}^2$,许用应力 $[\sigma]_2 = 3.5\ \text{MPa}$,求最大许可载荷 $[F_P]$。

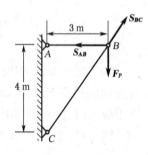

题 9.4.12 图

解　(1) 应用静力平衡方程求 AB、BC 杆的内力

$$\sum F_y = S_{BC} \times \frac{4}{5} - F_P = 0,\ S_{BC} = \frac{5}{4}F_P$$

$$\sum F_x = S_{BC} \times \frac{3}{5} - S_{AB} = 0,\ S_{AB} = \frac{3}{4}F_P$$

(2) 根据 AB 杆强度求 F_P

$$\sigma = \frac{S_{AB}}{A_1} \leqslant [\sigma]_1,\ F_{P1} \leqslant \frac{140 \times 600 \times 4}{3} = 112\ \text{kN}$$

(3) 根据 BC 杆的强度求 F_P

$$\sigma = \frac{S_{BC}}{A_2} \leqslant [\sigma]_2,\ F_{P2} \leqslant \frac{3.5 \times 30\,000 \times 4}{5} = 84\ \text{kN}$$

所以结构最大的许可载荷为 84 kN。

13. 题 9.4.13 图所示结构,AD 为刚体杆(自重不计),其上作用有一载荷 F,AC、BD 两杆的弹性模量 $E_1 = E_2$,面积 $A_1 = 0.5A_2$,长度 $l_1 = 2l_2$。为使 AB 杆在受力后仍保持在水平位置,试计算外力 F 的作用点 E 与 A 点的距离 x。

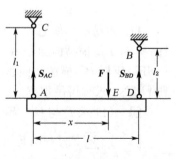

题 9.4.13 图

解　(1) 根据两杆伸长量相等有:

$$\frac{S_{AC}l_1}{E_1 A_1} = \frac{S_{BD}l_2}{E_2 A_2},\ \frac{S_{AC}}{S_{BD}} = \frac{l_2 A_1}{l_1 A_2} = \frac{1}{4}$$

(2) 由静力平衡方程有:

$$\sum m_E(\boldsymbol{F}) = -S_{AC} \times x + S_{DB} \times (l-x) = 0$$

$$x = \frac{4}{5}l$$

14. 题 9.4.14 图所示结构,梁 AB 为刚体(自重不计),其上作用有一载荷 $F=40\,\text{kN}$,杆 AD 和杆 BH 由同一种材料制成,其许用应力 $[\sigma]=160\,\text{MPa}$, $E=2\times 10^5\,\text{MPa}$。若要求刚性梁 AB 受力后仍保持水平,试计算杆 AD 和杆 BH 所需的最小截面积。

解 (1) 求 AD 与 BH 杆的内力

$$S_{AD} = F \times \frac{4}{5} = 32\,\text{kN}$$

$$S_{BH} = F \times \frac{1}{5} = 8\,\text{kN}$$

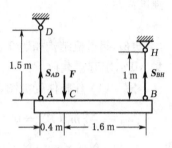

题 9.4.14 图

(2) 求 AD 杆与 BH 杆面积之比

$$\frac{S_{AD} \times l_{AD}}{EA_1} = \frac{S_{BH} \times l_{BH}}{EA_2} \qquad A_1 = 6A_2$$

(3) 根据强度条件求面积

$$\sigma_1 = \frac{S_{AD}}{A_1} \leqslant [\sigma] \quad A_1 \geqslant \frac{32\,000}{160} = 200\,\text{mm}^2 \quad A_2 = 33.3\,\text{mm}^2$$

$$\sigma_2 = \frac{S_{BH}}{A_2} \leqslant [\sigma] \quad A_2 \geqslant \frac{8\,000}{160} = 50\,\text{mm}^2 \quad A_1 = 300\,\text{mm}^2$$

所以 AD 和 BH 杆的最小面积为

$$A_1 = 300\,\text{mm}^2 \quad A_2 = 50\,\text{mm}^2$$

15. Q235 钢板宽 $b=100\,\text{mm}$,厚 $t=12\,\text{mm}$,上有 4 个铆钉孔,如题 9.4.15 图所示。螺钉孔直径 $d=17\,\text{mm}$,设轴向力 $F=100\,\text{kN}$,每个孔承受的力为 $F/4$,取安全系数 $n_s = 2$,试校核钢板的强度。

解 (1) 求截面上的内力

$$F_{N1} = F = 100\,\text{kN}$$

$$F_{N2} = \frac{3}{4}F = 75\,\text{kN}$$

$$F_{N3} = \frac{1}{4}F = 25\,\text{kN}$$

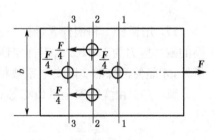

题 9.4.15 图

(2) 求截面上的应力

$$\sigma_1 = \frac{F_{N1}}{A_1} = \frac{100 \times 10^3}{(100-17) \times 12} = 100\,\text{MPa}$$

$$\sigma_2 = \frac{F_{N2}}{A_2} = \frac{75 \times 10^3}{(100-34) \times 12} = 95 \text{ MPa}$$

$$\sigma_3 = \frac{F_{N3}}{A_3} = \frac{25 \times 10^3}{(100-17) \times 12} = 25 \text{ MPa}$$

(3) 求许用应力

$$[\sigma] = \frac{\sigma_s}{n_s} = \frac{235}{2} = 117 \text{ MPa} \geqslant \sigma_{\max}$$

强度满足

16. 起重机结构如题 9.4.16 图所示,钢绳 AB 的截面积 $A=500 \text{ mm}^2$,许用应力$[\sigma]=40 \text{ MPa}$,求起重载荷 P?

解 (1) 作整体受力图,对铰链 D 取矩,有

$$\sum m_D(\boldsymbol{F}) = 0$$

$$N_{AB} \times \sin\alpha \times 15 - P \times 5 = 0$$

$$N_{AB} = \frac{P \times 5}{\sin\alpha \times 15}$$

$$\sin\alpha = \frac{10}{\sqrt{325}}$$

$$N_{AB} = \frac{\sqrt{325} \times 5 \times P}{15 \times 10} = \frac{\sqrt{325}}{30} P$$

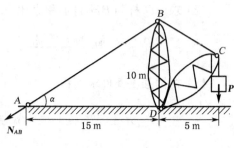

题 9.4.16 图

(2) 根据 AB 杆的强度求最大其重载荷 P

$$P = \frac{30}{\sqrt{325}} N_{AB} = \frac{30}{\sqrt{325}} \times 40 \times 500 = \frac{600}{\sqrt{325}} \times 10^3 = 33.3 \text{ kN}$$

17. 用铝杆 1 和铜杆 2 悬挂一自重不计的水平梁 AB,已知铝的破坏应力为 180 MPa,铜的破坏应力为 120 MPa,铝杆与铜杆的横截面面积之比为 1∶2,问重物 C 应置于 AB 梁上何处,才能使两杆的实际安全系数相等。

解 (1) 由实际安全系数相等有

$$n = \frac{\sigma_{0铝}}{\sigma_{铝}} = \frac{\sigma_{0铜}}{\sigma_{铜}}$$

$$\frac{180 \times A_1}{N_1} = \frac{120 \times A_2}{N_2}$$

$$\frac{N_1}{N_2} = \frac{180 \times A_1}{120 \times A_2} = \frac{180}{120 \times 2} = \frac{3}{4}$$

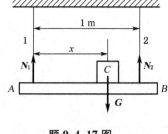

题 9.4.17 图

(2) 设物块距左端距离为 x,求解 x。
对 AB 梁列静力学平衡方程有

$$\sum m_C(\mathbf{F}) = 0 \qquad N_1 \cdot x = N_2 \cdot (1-x)$$

$$\frac{N_1}{N_2} \cdot x = 1-x \qquad \frac{3}{4}x = 1-x$$

$$\frac{7}{4}x = 1 \qquad x = \frac{4}{7} = 0.57 \text{ m}$$

18. 长 $l = 1.5$ m 的直角三角形钢板,用等长的钢丝 AB 和 CD 悬挂,如题 9.4.18 图所示。欲使钢丝伸长后钢板只有移动而无转动,问钢丝 AB 的直径应为 CD 直径的几倍。

解 (1) 由钢板只有移动没有转动有:

$$\Delta l_1 = \Delta l_2 \qquad \frac{N_1 l}{EA_1} = \frac{N_2 l}{EA_2}$$

$$\frac{N_1}{A_1} = \frac{N_2}{A_2} \qquad \frac{N_1}{d_1^2} = \frac{N_2}{d_2^2} \qquad \frac{d_1^2}{d_2^2} = \frac{N_1}{N_2}$$

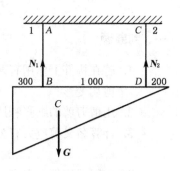

题 9.4.18 图

(2) 求解钢丝绳直径的比。

对三角板列静力学平衡方程有

$$\sum m_C(\mathbf{F}) = 0 \qquad N_1 \cdot 200 = N_2 \cdot 800$$

$$N_1 = 4N_2$$

$$\frac{4N_2}{N_2} = \frac{d_1^2}{d_2^2} \qquad \frac{d_1}{d_2} = 2$$

第十章 剪 切

一、判断题

1. 若在构件上作用有两个大小相等、方向相反、相互平行的外力,则此构件一定产生剪切变形。（ ）
2. 用剪刀剪的纸张和用刀切的菜,均受到了剪切破坏。（ ）
3. 计算名义剪应力有公式 $\tau = Q/A$,说明实际构件剪切面上的剪应力是均匀分布的。（ ）
4. 在同一构件上有多个面积相同的剪切面,当材料一定时,若校核该构件的剪切强度,则只对剪力较大的剪切面进行校核即可。（ ）
5. 两钢板用螺栓连接后,在螺栓和钢板相互接触的侧面将发生局部承压现象,这种现象称为挤压。当挤压力过大时,可能引起螺栓压扁或钢板孔缘压皱,从而导致连接松动而失效。（ ）
6. 进行挤压实用计算时,所取的挤压面面积就是挤压接触面的正投影面积。（ ）
7. 在挤压实用计算中,只要取构件的实际接触面面积来计算挤压应力,其结果就和构件的实际挤压应力情况符合。（ ）
8. 一般情况下,挤压常伴随着剪切同时发生,但须指出,挤压应力与剪应力是有区别的,它并非构件内部单位面积上的内力。（ ）
9. 挤压是连接件在接触面的相互压紧,而压缩发生在受压杆的整个杆段。（ ）
10. E 和 G 都是与材料有关的物理量。ε 和 γ 都是反映杆件变形的物理量。（ ）

参考答案:

1. 错　2. 对　3. 错　4. 对　5. 对　6. 对　7. 错　8. 对　9. 对　10. 对

二、填空题

1. 弹性模量 E 反映材料_____,弹性模量 G 反映材料_____。
2. 挤压应力与压缩应力不同,前者是分布于两构件_____上的压强,而后者是分布在构件内部截面单位面积上的内力。
3. 当剪应力不超过材料的剪切_____极限时,剪应变与剪应力成正比。
4. 剪切的实用计算中,假设了剪应力在剪切面上是_____分布的。
5. 钢板厚 t,冲床冲头直径 d,今在钢板上冲出一个直径为 d 的圆孔,剪切面面积为_____。
6. 用剪子剪断钢丝时,钢丝发生剪切变形的同时还会发生_____变形。

7. 挤压面是两构件的接触面,其方位是_____于挤压力的。

8. 两个铁钉钉在墙上,其长度相等,直径之比 $d_1/d_2 = 2$,试比较其承受能力 $P_1/P_2 =$ _____。

9. 宽度为 b,高度为 H 的两矩形木杆互相连接如题 10.2.9 图所示,则剪切面的面积为 $A =$ _____,挤压面的面积为 $A_{jy} =$ _____,受拉的最小面积为 $A =$ _____ ($H = 3t$)。

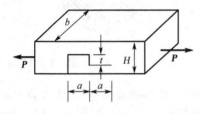
题 10.2.9 图

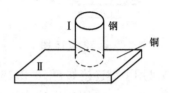
题 10.2.10 图

10. 题 10.2.10 图中_____应考虑压缩强度,_____应考虑挤压强度。

11. 钉结构如题 10.2.11 图所示,在外力作用下可能产生的破坏方式有_____、_____。

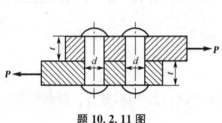
题 10.2.11 图

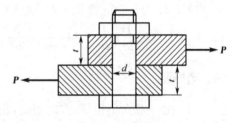
题 10.2.12 图

12. 两块钢板用螺栓连接如题 10.2.12 图所示,每块板厚 $t = 10\,\text{mm}$,螺栓 $d = 16\,\text{mm}$,$[\tau] = 60\,\text{MPa}$,钢板与螺栓的许用挤压应力 $[\sigma_{jy}] = 180\,\text{MPa}$,则螺栓能承受的许可载荷 $P =$ _____。

13. 如题 10.2.13 图所示榫头结构,当 P 力作用时,已知 b、c、a、l,接头的剪应力 $\tau =$ _____,挤压应力 $\sigma_{jy} =$ _____。

14. 如题 10.2.14 图所示铆钉结构,在外力 P 作用下,已知 t、d、b,铆钉的剪应力 $\tau =$ _____,铆钉挤压应力 $\sigma_{jy} =$ _____。

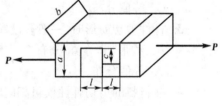
题 10.2.13 图

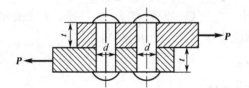

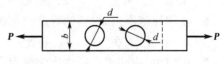

题 10.2.14 图

15. 电瓶挂钩用插销连接。如题 10.2.15 图所示,已知 t、d、P,则插销剪切面上的剪应力 $\tau=$ _____,挂钩的最大挤压应力 $\sigma_{jy}=$ _____。

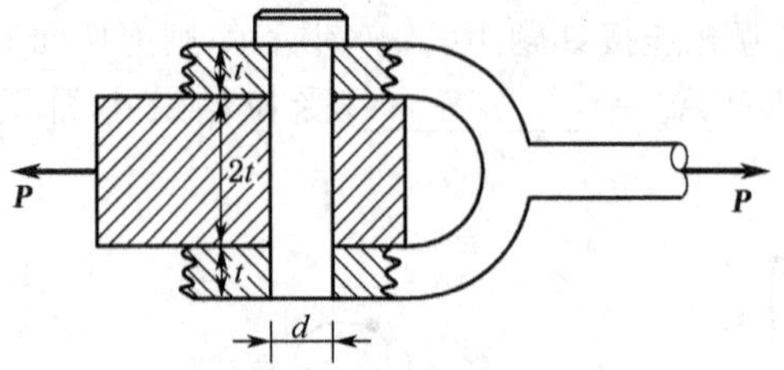

题 10.2.15 图 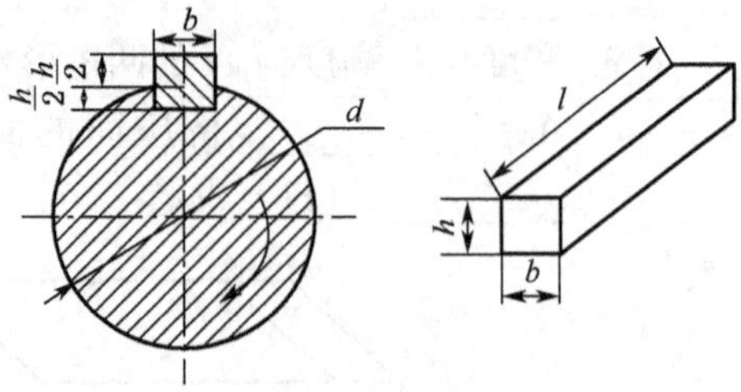　　　　　　　　题 10.2.16 图

16. 轮与轴用平键连接如题 10.2.16 图所示,已知轴径为 d,传递力偶矩 m。键材料许用剪应力 $[\tau]$,许用挤压应力 $[\sigma_{jy}]$,平键尺寸 b、h、l,则该平键剪切强度条件为_____,挤压强度条件为_____。

参考答案:

1. 抵抗拉压弹性变形的能力;抵抗剪切弹性变形的能力　**2.** 接触表面　**3.** 比例
4. 均匀　**5.** πdt　**6.** 挤压　**7.** 垂直　**8.** 4　**9.** ab;tb　**10.** Ⅰ;Ⅱ　**11.** 剪切;挤压
12. 12 kN　**13.** $\dfrac{P}{lb}$;$\dfrac{P}{cb}$　**14.** $\dfrac{2P}{\pi d^2}$;$\dfrac{P}{2tb}$　**15.** $\dfrac{2P}{\pi d^2}$;$\dfrac{P}{2tb}$　**16.** $\tau=\dfrac{2m}{bld}\leqslant[\tau]$;$\sigma_{jy}=\dfrac{4m}{dhl}\leqslant[\sigma_{jy}]$

三、选择题

1. 由一对大小相等,方向相反,相距很近的横向力作用,使杆件两截面沿外力作用方向产生相对错动的变形,称为_____。
   A. 弯曲　　　B. 扭转　　　C. 挤压　　　D. 剪切
2. 杆件剪切变形时,横截面上的剪应力实际分布为_____。
   A. 线形(非等值)分布　　　B. 抛物线分布
   C. 等值分布　　　　　　　D. 不规则分布
3. 杆件剪切变形时,一般假设横截面上的剪应力分布为_____。
   A. 线形(非等值)分布　　　B. 抛物线分布
   C. 等值分布　　　　　　　D. 不规则分布
4. 在材料的剪切弹性模量相同时,剪应力_____,剪应变_____。
   A. 越大/越大　B. 越小/越大　C. 不变/越小　D. 无法确定
5. 在剪应力相同时,材料的剪切弹性模量_____,其剪应变_____。
   A. 越大/越大　B. 越大/越小　C. 不变/越大　D. 无法确定
6. 在弹性范围内,材料的剪应变与剪应力成_____,与材料的性质_____。
   A. 正比/有关　B. 正比/无关　C. 反比/有关　D. 反比/无关
7. 用应力、应变表示的虎克定律为_____。
   A. $\tau=G/\gamma$　B. $\tau=\gamma/G$　C. $\tau=G\gamma$　D. $\tau=1/G\gamma$
8. 剪应力的单位与_____的单位是相同的。

A. 内力   B. 应变   C. 弹性   D. 弹性模量

9. 剪应变的单位是_____。
   A. 米   B. 帕   C. 弧度   D. 牛顿

10. "剪应变和正应变一样,都表示长度方向上单位长度的变化量。"该说法_____。
    A. 正确   B. 错误   C. 有一定道理   D. 无法判断

11. 在剪应力相同时,剪应变_____的材料的剪切弹性模量越小。
    A. 越大   B. 越小   C. 不变   D. 无法确定

12. 在材料的剪切弹性模量相同时,剪应力越小,剪应变_____。
    A. 越大   B. 越小   C. 不变   D. 无法确定

13. 在其他条件不变时,若受剪切变形的杆件直径增大一倍,则杆件横截面上的剪应力将变为原来的_____。
    A. 2倍   B. 1/2   C. 1/4   D. 3/4

14. 在其他条件不变时,若受剪切变形的杆件直径增大一倍,则杆件横截面上的剪应力将减少_____。
    A. 1倍   B. 1/2倍   C. 2/3倍   D. 3/4倍

15. 在其他条件不变时,若受剪切杆件的直径由 d 变为 $2d$,则杆件横截面上的剪应变将由 r 变为_____。
    A. $r/4$ B. $r/2$ C. $2r$ D. $4r$

16. 受剪构件的破坏形式除剪切破坏外,在构件表面还会引起_____。
    A. 拉伸破坏   B. 压缩破坏   C. 挤压破坏   D. 扭转破坏

17. 对于受剪构件,除了需要进行_____计算,还要进行_____计算。
    A. 正应力强度/剪切强度   B. 正应力强度/挤压强度
    C. 剪切强度/挤压强度   D. 载荷强度/应力强度

18. 如两个相互挤压的构件材料不同,进行强度计算时应计算_____。
    A. 强度小的构件   B. 强度大的构件   C. 两者都计算   D. 视情况而定

19. 对于圆柱形螺栓,计算挤压面积是_____。
    A. 半圆柱面   B. 整个圆柱面
    C. 直径平面   D. 半个直径平面

20. 通常情况下,材料的许用挤压应力_____其许用正应力。
    A. 小于   B. 大于   C. 等于   D. 不一定

21. 杆件剪切时的强度条件是 $Q/A \leqslant$ _____。
    A. $[\sigma]$ B. $[\tau]$ C. $[\sigma]/n$ D. $[\tau]/n$

22. 对于塑性材料,剪切强度极限_____抗拉强度极限。
    A. 小于   B. 大于   C. 等于   D. 不大于

23. 杆件的剪切强度条件 $\tau_{max} = Q_{max}/A \leqslant [\tau]$,不能解决的问题是_____。
    A. 强度校核   B. 正应力校核   C. 选择截面   D. 确定许用载荷

24. 两块厚均为 5 cm 的钢板叠在一起,用一直径为 2 cm 的贯穿螺栓固定。若钢板受一对拉力(大小相等、方向相反、分别作用在两块钢板上)的作用,$P = 8 \text{ kN}$,那么,螺栓横截面上的剪应力为_____MPa。

A. 4 B. 8 C. 16.6 D. 25.5

25. 两块厚均为 5 cm 的钢板叠在一起,用一直径为 2 cm 的贯穿螺栓固定。若钢板受一对拉力(大小相等、方向相反、分别作用在两块钢板上)的作用,那么,螺栓所受的挤压应力为剪应力的_____倍。

A. 0.314 B. 3.14 C. 9.42 D. 0.1

26. 两块厚均为 5 cm 的钢板叠在一起,用一直径为 2 cm 的贯穿螺栓固定。若钢板受一对拉力(大小相等、方向相反、分别作用在两块钢板上)的作用,那么,螺栓所受的剪应力为挤压应力的_____倍。

A. 3.185 B. 0.318 C. 0.105 D. 10

27. 插销穿过水平放置的平板上的圆孔,在其下端受到一拉力 P,如题 10.3.27 图所示。该插销的剪切面面积和挤压面面积分别等于_____。

A. πdh,$\pi D^2/4$
B. πdh,$\pi(D^2-d^2)/4$
C. πDh,$\pi D^2/4$
D. πDh,$\pi(D^2-d^2)/4$

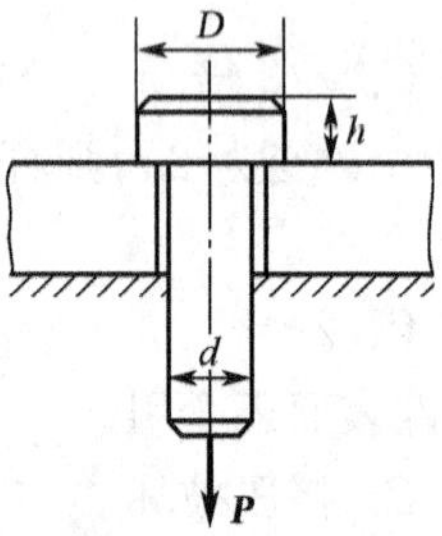

题 10.3.27 图 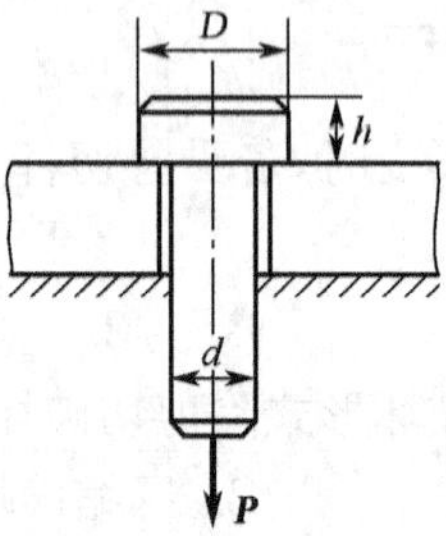   题 10.3.28 图

28. 如题 10.3.28 图所示,螺栓在拉力 P 作用下,已知材料的 $[\tau]$ 和 $[\sigma]$ 之间的关系为 $[\tau]=\dfrac{3}{4}[\sigma]$,则直径 d 与螺头 h 的合理比值为_____。

A. $\dfrac{1}{3}$ B. $\dfrac{1}{4}$ C. 3 D. 4

29. 在连接件上,剪切面和挤压面分别_____于外力方向。

A. 垂直、平行 B. 平行、垂直 C. 平行 D. 垂直

30. 用螺栓连接两块钢板,其他条件不变时,螺栓的直径增加一倍,其剪切面上的剪应力将减少_____,挤压面上的挤压应力将减少_____。

A. 1 倍 B. 1/2
C. 1/4 D. 3/4

31. 冲床的冲压力为 P,冲头的许用应力为 $[\sigma]$,被冲钢板的剪切极限应力为 τ_b,钢板厚度为 t,如题 10.3.31 图所示,被冲出的孔的直径应是_____。

A. $\dfrac{P}{\pi t \tau_b}$
B. $\dfrac{P}{\pi t [\sigma]}$
C. $\sqrt{\dfrac{4P}{\pi \tau_b}}$
D. $\sqrt{\dfrac{4P}{\pi [\sigma]}}$

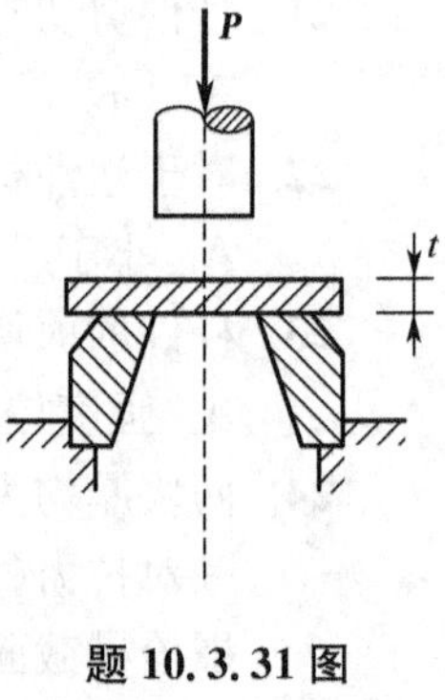

题 10.3.31 图

32. 一拉杆与板用四个铆钉连接,如题 10.3.32 图所示,若拉杆承受的拉力为 P,铆钉的许用应力为 $[\tau]$,则铆钉直径应设计为_____。

A. $\sqrt{\dfrac{2P}{\pi[\tau]}}$ B. $\sqrt{\dfrac{P}{\pi[\tau]}}$ C. $\sqrt{\dfrac{3P}{\pi[\tau]}}$ D. $\sqrt{\dfrac{4P}{\pi[\tau]}}$

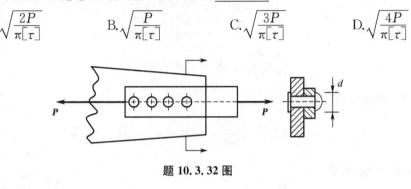

题 10.3.32 图

参考答案:

1. D **2.** D **3.** C **4.** A **5.** B **6.** A **7.** C **8.** D **9.** C **10.** B
11. A **12.** B **13.** C **14.** D **15.** A **16.** C **17.** C **18.** A **19.** C **20.** B
21. B **22.** A **23.** B **24.** D **25.** A **26.** A **27.** B **28.** C **29.** B **30.** D,B
31. C **32.** B

四、综合应用习题与解答

1. 考虑连接件的剪切和挤压强度,确定题 10.4.1 图示销钉的直径 d。已知载荷 $P = 35.4$ kN, $t = 10$ mm,许用切应力 $[\tau] = 100$ MPa,许用挤压应力 $[\sigma_{jy}] = 240$ MPa。

解 (1) 根据销钉的剪切强度,确定销钉直径

$$\tau = \frac{Q}{A} \leqslant [\tau]$$

$$d \geqslant \sqrt{\frac{4Q}{\pi[\tau]}} = \sqrt{\frac{4 \times 35\,400}{3.14 \times 100 \times 2}} = 15 \text{ mm}$$

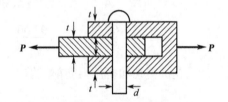

题 10.4.1 图

(2) 根据销钉的挤压强度,确定销钉直径

$$\sigma_{jy} = \frac{P_{jy}}{A_{jy}} \leqslant [\sigma_{jy}], \quad d \geqslant \frac{P}{t[\sigma_{jy}]} = \frac{35.4 \times 10^3}{10 \times 240} = 14.75 \text{ mm}$$

所以销钉的直径应大于 15 mm。

2. 题 10.4.2 图所示两块厚度分别为 10 mm 和 15 mm 的钢板,用两个直径为 17 mm 的铆钉搭接在一起,如题 10.4.2 图所示。钢板受力 $P = 60$ kN,已知 $[\tau] = 140$ MPa,$[\sigma_{jy}] = 280$ MPa,$[\sigma] = 160$ MPa。试校核铆接件的强度。(假定每个铆钉受力相同)

解 (1) 校核铆钉的剪切和挤压强度

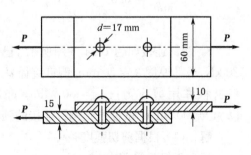

题 10.4.2 图

$$\tau = \frac{Q}{A} \leq [\tau] \qquad \frac{30\,000}{0.785 \times 17^2} = 132.23 \text{ MPa} \leq [\tau]$$

$$\sigma_{jy} = \frac{P_{jy}}{A_{jy}} \leq [\sigma_{jy}]$$

$$\frac{30\,000}{10 \times 17} = 176.47 \text{ MPa} \leq [\sigma_{jy}]$$

(2) 校核钢板的拉伸强度

$$\sigma = \frac{P}{A} \leq [\sigma], \quad \frac{30\,000}{600 - 170} = 69.8 \text{ MPa} \leq [\sigma]$$

该铆接件强度足够。

3. 花键轴的截面尺寸如题 10.4.3 图所示。轴与轮毂的配合长度 $L = 60$ mm，靠花键轴侧面传递的力偶矩 $M = 1.8$ kN·m，若花键的许用挤压应力 $[\sigma_{jy}] = 140$ MPa，许用切应力 $[\tau] = 50$ MPa，试校核花键的剪切强度和挤压强度。

解 (1) 求花键齿侧挤压力

$$P_{jy} = \frac{M}{8 \times \frac{D+d}{4}} = \frac{1\,800}{8 \times 25} = 9 \text{ kN}$$

(2) 挤压和剪切强度校核

$$\sigma_{jy} = \frac{P_{jy}}{A_{jy}} \leq [\sigma_{jy}] \qquad \frac{9\,000}{8 \times 60} = 18.75 \text{ MPa} \leq [\sigma_{jy}]$$

$$\tau = \frac{Q}{A} \leq [\tau] \qquad \frac{9\,000}{9 \times 60} = 16.7 \text{ MPa} \leq [\tau]$$

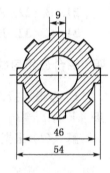

题 10.4.3 图

花键剪切和挤压强度都足够。

4. 题 10.4.4 图所示螺栓受拉力 F 作用，已知材料许用剪应力 $[\tau]$ 和许用拉应力 $[\sigma]$ 之间的关系有 $[\tau] = 0.8[\sigma]$。试求螺栓直径 d 与螺栓头高度 h 的合理比值。

解 由 $[\tau] = 0.8[\sigma]$

$$\frac{F}{\pi d h} = 0.8 \frac{F}{\frac{\pi}{4} \times d^2}, \quad \frac{d}{h} = 0.8 \times 4 = 3.2$$

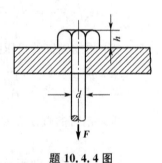

题 10.4.4 图

5. 铆钉连接如题 10.4.5 图所示，已知拉力 $F = 20$ kN，板的厚度 $\delta = 20$ mm，铆钉直径 $d = 12$ mm。铆钉材料许用剪应力 $[\tau] = 80$ MPa，许用挤压应力 $[\sigma_{jy}] = 200$ MPa。试校核此铆钉连接的强度。

解 (1) 根据剪切强度条件

每个铆钉承受剪力 10 kN，

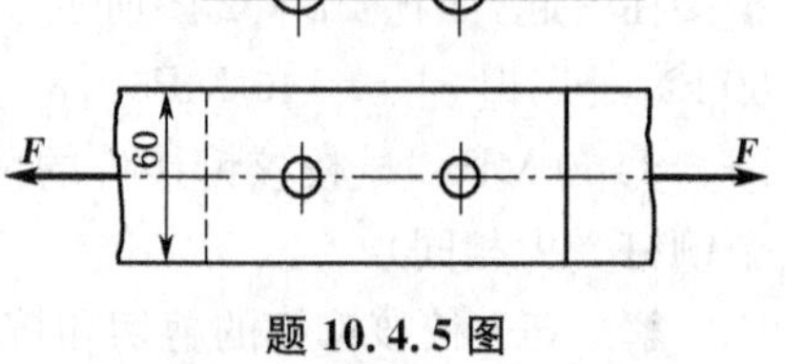

题 10.4.5 图

$$\tau = \frac{Q}{A} \leqslant [\tau], \quad \frac{10 \times 10^3}{0.785 \times 12^2} = 88.5 \text{ MPa} > 80 \text{ MPa}$$

剪切强度不满足。

(2) 根据挤压强度条件

每个铆钉承受挤压力 10 kN

$$\sigma_{jy} = \frac{F_{jy}}{A_{jy}} = \frac{10\,000}{12 \times 20} = 41.7 \text{ MPa} \leqslant [\sigma_{jy}]$$

挤压强度满足。

6. 如题 10.4.6 图所示螺栓连接中，已知拉力 $P = 200$ kN，中间板的厚度 $\delta = 20$ mm，螺栓材料的许用剪应力$[\tau] = 80$ MPa，试求螺栓的直径？若许用挤压应力$[\sigma_{jy}] = 200$ MPa，螺栓直径又为多少？

解 (1) 按剪切强度计算螺钉的直径 d_1

$$\tau = \frac{\dfrac{P}{2}}{\dfrac{\pi}{4}d_1^2} \leqslant 80 \quad d_1 \geqslant \sqrt{\frac{100 \times 1\,000 \times 4}{80 \times 3.14}} = 40 \text{ mm}$$

(2) 按挤压强度计算螺钉的直径 d_2

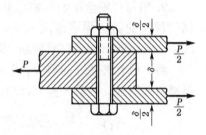

题 10.4.6 图

$$\sigma_{jy} = \frac{F_{jy}}{A_{jy}} = \frac{\dfrac{P}{2}}{d_2 \times \dfrac{\delta}{2}} \leqslant 200$$

$$d_2 \geqslant \frac{100 \times 1\,000}{10 \times 200} = 50 \text{ mm}$$

7. 如题 10.4.7 图所示钢板连接中，被连接件的厚度 $\delta = 10$ mm。铆钉材料许用剪应力$[\tau] = 140$ MPa，许用挤压应力$[\sigma_{jy}] = 320$ MPa。拉力 $P = 24$ kN，$d = 2\delta$，试校核此铆钉连接的强度。

解 (1) 校核铆钉的剪切强度

$$\tau = \frac{P}{\dfrac{\pi}{4}d^2} = \frac{24\,000}{0.785 \times 20^2} = 76.4 \text{ MPa}$$

剪切强度满足。

(2) 校核铆钉的挤压强度

$$\sigma_{jy} = \frac{P_{jy}}{A_{jy}} = \frac{24\,000}{10 \times 20} = 120 \text{ MPa}$$

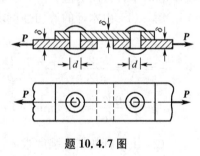

题 10.4.7 图

挤压强度满足。

8. 如题 10.4.8 图所示,在直径 $d = 30 \text{ mm}$ 的轴上安装着一个手柄。杆与轴之间有一个键 K,键长 $l = 36 \text{ mm}$,截面为正方形,边长 $a = 8 \text{ mm}$。如平键的平均剪应力不得超过 56 MPa,求距轴心 750 mm 处所加的力 P 最大为多少?

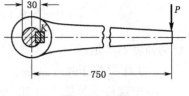

题 10.4.8 图

解 应用剪切强度条件求 Q,再应用力矩平衡求 P

$$\tau = \frac{Q}{A} \leqslant [\tau], \quad Q = a \times l \times [\tau] = 8 \times 36 \times 56 = 16\,128 \text{ N}$$

$$P_{jy} = Q = 16\,128 \text{ N}, \quad P_{jy} \times 15 = P \times 750$$

$$P = \frac{16\,128 \times 15}{750} = 322.56 \text{ N}$$

9. 销钉式安全联轴器如题 10.4.9 图所示,允许传递的外力偶矩 $M = 300\,000 \text{ N} \cdot \text{mm}$,销钉材料的剪切强度极限 $\tau_b = 360 \text{ MPa}$,轴的直径 $D = 30 \text{ mm}$,为保证外力偶矩大于 $300\,000 \text{ N} \cdot \text{mm}$ 时销钉被剪断,求销钉的直径 d。

解 (1) 求销钉的剪力,当 $M = 300\,000 \text{ N} \cdot \text{mm}$ 时是销钉所能承受的最大剪力,此时

$$Q = \frac{M}{D} = \frac{300\,000}{30} = 10 \text{ kN}$$

(2) 由销钉的剪力强度计算直径

$$\tau = \frac{Q}{A} = \frac{10\,000}{0.785 \times d^2} > \tau_b$$

$$d < \sqrt{\frac{10\,000}{360 \times 0.785}} = 6 \text{ mm}$$

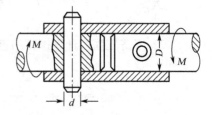

题 10.4.9 图

10. 用两块钢板将两根矩形木杆连接如题 10.4.10 图所示。若载荷 $P = 60 \text{ kN}$,杆宽 $b = 150 \text{ mm}$,木杆许用剪应力 $[\tau] = 2 \text{ MPa}$,许用挤压应力 $[\sigma_{jy}] = 20 \text{ MPa}$,试确定尺寸 a 和 t。

解 (1) 由木杆的剪切强度求 a

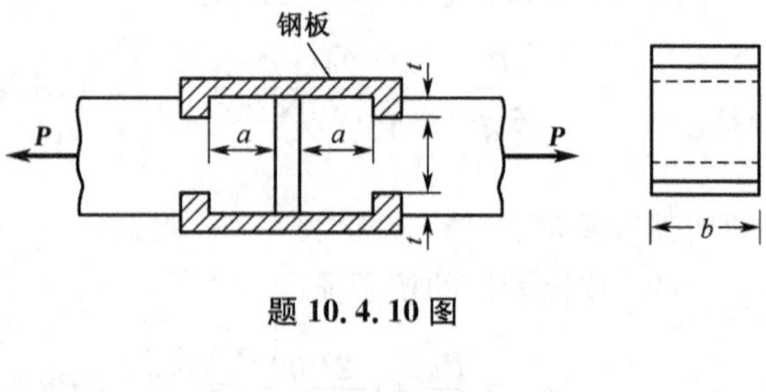

$$\tau = \frac{Q}{A} = \frac{\frac{P}{2}}{a \times b} \leqslant [\tau], \quad \frac{\frac{P}{2}}{ab} \leqslant 2$$

$$a \geqslant \frac{30\,000}{2 \times 150} = 100 \text{ mm}$$

题 10.4.10 图

(2) 由木杆的挤压强度求 t

$$\sigma_{jy} = \frac{P_{jy}}{A_{jy}} \leqslant [\sigma_{jy}], \quad t \geqslant \frac{30\,000}{20 \times 150} = 10 \text{ mm}$$

11. 曲柄杠杆在铅直力 P 和水平力 Q 作用下保持平衡,如题 10.4.11 图所示。拉杆 CD 的直径 $d = 30 \text{ mm}$,其许用拉应力 $[\sigma] = 160 \text{ MPa}$,销钉 B 的许用剪应力 $[\tau] = 80 \text{ MPa}$,如欲

使销钉的强度不低于拉杆的强度,则销钉的直径应为多少?

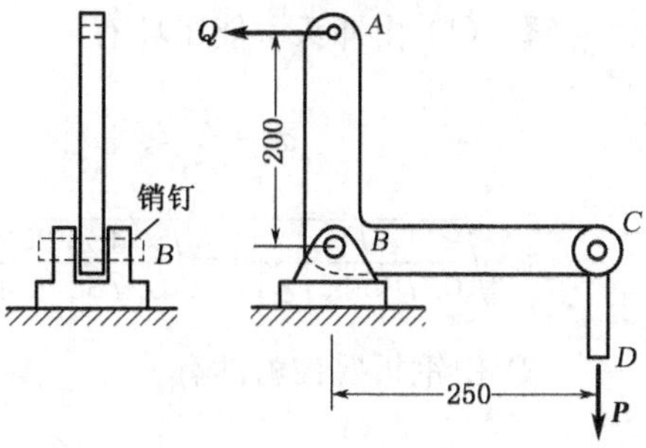

解 (1) 由 CD 杆强度确定 P

$$\sigma = \frac{P}{A} \leqslant [\sigma]$$

$$P \leqslant 160 \times \frac{\pi}{4} \times 900 = 113 \text{ kN}$$

(2) 由曲柄杠杆平衡确定 Q

$$\sum m_B(\boldsymbol{F}) = 0, \ Q \times 200 - P \times 250 = 0,$$

$$Q = \frac{5}{4} \times 113 = 141 \text{ kN}$$

题 10.4.11 图

(3) 作用在销钉处的合力

$$R = \sqrt{P^2 + Q^2} = 180.7 \text{ kN}$$

(4) 由销钉强度确定销钉直径

$$\tau = \frac{\frac{R}{2}}{A} \leqslant [\tau], \ \frac{\pi}{4} d^2 \geqslant \frac{R}{2[\tau]}, \ d \geqslant \sqrt{\frac{180.7 \times 10^3}{2 \times 80 \times \frac{\pi}{4}}} = 38 \text{ mm}$$

12. 题 10.4.12 图所示联轴器,用四个螺栓连接,螺栓对称地安排在直径 $D = 480$ mm 的圆周上,联轴器传递的力偶矩 $M = 24$ kN·m,若材料的许用剪应力 $[\tau] = 80$ MPa,求螺栓直径 d 需要多大。

解 (1) 计算螺栓的剪力

$$M = 2 \times Q \times D$$

$$Q = \frac{24\ 000}{2 \times 480} = 25 \text{ kN}$$

题 10.4.12 图

(2) 由螺栓的剪切强度确定销钉直径

$$\tau = \frac{Q}{A} \leqslant 80$$

$$d \geqslant \sqrt{\frac{Q}{80 \times 0.785}} = \sqrt{\frac{25\ 000}{80 \times 0.785}}$$

$$= 19 \text{ mm}$$

13. 如题 10.4.13 图所示冲床,最大冲力为 400 kN,冲头材料的许用应力 $[\sigma] = 440$ MPa,被冲剪钢板的剪切强度极限为 $\tau_b = 360$ MPa,求在最大冲力作用下所能冲剪的圆孔最小直径 d 和钢板的最大厚度 δ。

解 (1) 由冲头不能压坏有

$$\sigma = \frac{P}{A} \leqslant [\sigma]$$

$$d \geqslant \sqrt{\frac{P}{0.785 \times [\sigma]}} = \sqrt{\frac{400\,000}{0.785 \times 440}} = 34 \text{ mm}$$

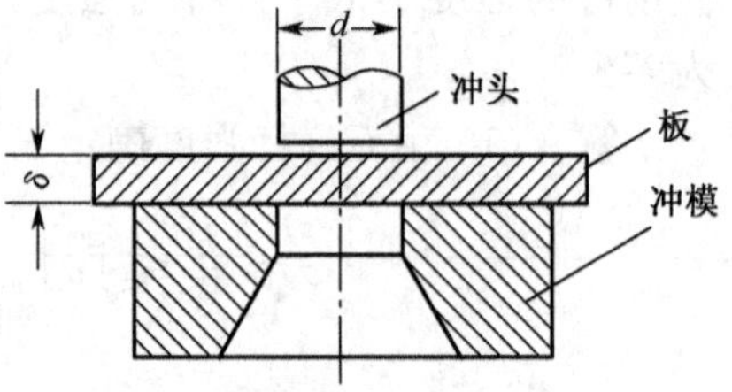

题 10.4.13 图

(2) 由钢板要被剪断有

$$\tau = \frac{Q}{A} \geqslant \tau_b, \quad \frac{400\,000}{\pi \times d \times \delta} \geqslant 360$$

$$\delta \leqslant \frac{400\,000}{3.14 \times 34 \times 360} = 10.4 \text{ mm}$$

冲剪的最小圆孔直径为 34 mm,钢板最大厚度为 10.4 mm。

第十一章 圆轴的扭转

一、判断题

1. 圆轴扭转时横截面之间绕杆轴的相对转角称为剪应变。 （ ）
2. 圆轴扭转时横截面上只有剪应力没有正应力是因为轴线不伸长。 （ ）
3. 圆轴扭转时剪应力方向与半径平行。 （ ）
4. 圆轴扭转时横截面之间绕杆轴的相对转角称为扭转角。 （ ）
5. 只要在杆件的两端作用两个大小相等、方向相反的外力偶,杆件就会发生扭转变形。 （ ）
6. 传递一定功率的传动轴的转速越高,其横截面上所受的扭矩也就越大。 （ ）
7. 受扭杆件横截面上扭矩的大小,不仅与杆件所受外力偶的力偶矩大小有关,而且与杆件横截面的形状、尺寸也有关。 （ ）
8. 扭矩就是受扭杆件某一横截面左、右两部分在该横截面上相互作用的分布内力系的合力偶矩。 （ ）
9. 只要知道了作用在受扭杆件某横截面以左部分或以右部分所有外力偶矩的代数和,就可以确定该横截面上的扭矩。 （ ）
10. 扭矩的正负号可按如下方法来规定:运用右手螺旋法则,四指表示扭矩的转向,当拇指指向与截面外法线方向相同时规定扭矩为正;反之,规定扭矩为负。 （ ）
11. 一空心圆轴在产生扭转变形时,其危险截面外缘处具有全轴的最大切应力,而危险截面内缘处的切应力为零。 （ ）
12. 粗细和长短相同的二圆轴,一为钢轴,另一为铝轴,当受到相同的外力偶作用产生弹性扭转变形时,其横截面上最大切应力是不相同的。 （ ）
13. 实心轴和空心轴的材料、长度相同,在扭转强度相等的情况下,空心轴的重量轻,故采用空心圆轴合理。空心圆轴壁厚越薄,材料的利用率越高。但空心圆轴壁太薄容易产生局部皱折,使承载能力显著降低。 （ ）
14. 圆轴横截面上的扭矩为 T,按强度条件算得直径为 d,若该横截面上的扭矩变为 $0.5T$,则按强度条件可算得相应的直径为 $0.5d$。 （ ）
15. 一内径为 d,外径为 D 的空心圆截面轴,其极惯性矩可由式 $I_p \approx 0.1(D^4 - d^4)$ 计算,而抗扭截面系数则相应的可由式 $W_n \approx 0.2(D^3 - d^3)$ 计算。 （ ）
16. 变速箱中的高速轴一般较细,而低速轴一般较粗。 （ ）
17. 圆轴扭转时横截面上的剪应力沿半径方向成线形分布,指向与扭矩转向一致。 （ ）
18. 直径相同的两根实心轴,横截面上的扭矩也相等,当两轴的材料不同时,其单位长度扭转角也不同。 （ ）
19. 实心圆轴材料和所承受的载荷情况都不改变,若使轴的直径增大一倍,则其单位长

度扭转角将减小为原来的 1/8。 ( )

20. 两根实心圆轴在产生扭转变形时,其材料、直径及所受外力偶之矩均相同,但由于两轴的长度不同,所以短轴的单位长度扭转角要大一些。 ( )

21. E、G 称为材料的弹性模量,它们是与材料有关的量,EA、GI_p 称为材料的抗拉压刚度和抗扭刚度,也是只与材料有关的量。 ( )

参考答案：

1. 错　2. 对　3. 错　4. 对　5. 错　6. 错　7. 错　8. 对　9. 对　10. 对
11. 错　12. 错　13. 对　14. 对　15. 错　16. 对　17. 对　18. 对　19. 错　20. 错
21. 错

二、填空题

1. 圆轴的横截面上无_____应力。

2. GI_p 称为_____,反映了圆轴抵抗扭转变形的能力。

3. 直径和长度均相等的两根轴,其横截面扭矩也相等,而材料不同,因此它们的最大剪应力_____,扭转角_____。(填"相同"或"不同")

4. 圆轴扭转时,横截面上内力系合成的结果是力偶,力偶作用面垂直于轴线,相应的横截面上各点的剪应力应垂直于_____,剪应力的大小沿半径呈_____规律分布,横截面内同一圆周上各点的剪应力大小是_____的。

5. 横截面面积相等的实心轴和空心轴相比,虽材料相同,但_____轴的抗扭承载能力(抗扭刚度)要强些。

6. 机床拖动电机的功率不变,机床转速越高,产生的转矩越_____。

7. 在受扭转圆轴的横截面上,其扭矩的大小等于该截面一侧(左侧或右侧)轴段上所有外力偶矩的_____;在扭转杆上作用集中外力偶的地方,所对应的扭矩图上扭矩值要发生_____,_____值的大小和杆件上集中外力偶之矩相同。

8. 试观察圆轴的扭转变形,位于同一截面上不同点的变形大小与到圆轴轴线的距离有关,横截面上任意点的剪应变与该点到圆心的距离成_____,截面边缘上各点的变形为_____,而圆心的变形为_____;距圆心等距的各点其剪应变必然_____。

9. 如题 11.2.9 图所示受扭圆轴横截面。已知最大剪应力 $\tau_{max} = 40\,\text{MPa}$,则横截面上 A 点的剪应力 $\tau_A = $ _____

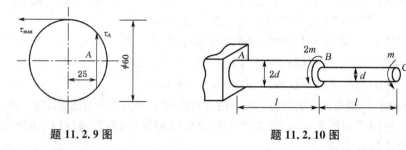

题 11.2.9 图　　　　题 11.2.10 图

10. 阶梯形轴的尺寸及受力如题 11.2.10 图所示,其 AB 段的最大剪应力 τ_{max1} 与 BC 段

的最大剪应力 τ_{max2} 之比为_____。

11. 一级减速箱中的齿轮直径大小不等,在满足相同的强度条件下,高速齿轮轴的直径要比低速齿轮轴的直径_____。

12. 当实心圆轴的直径增加1倍时,其抗扭强度增加到原来的_____倍,抗扭刚度增加到原来的_____倍。

13. 直径 $D=50\,\text{mm}$ 的圆轴,受扭矩 $T=2.15\,\text{kN}\cdot\text{m}$,该圆轴横截面上距离圆心10 mm处的剪应力 $\tau=$ _____,最大剪应力 $\tau_{max}=$ _____。

14. 一根空心轴的内外径分别为 d、D,当 $D=2d$ 时,其抗扭截面模量为_____。

15. 等截面圆轴扭转时的单位长度扭转角为 θ,若圆轴直径增大一倍,则单位长度扭转角将变为原来的_____。

参考答案:

1. 正 2. 圆轴的抗扭刚度 3. 相同;不同 4. 半径;线形;不等 5. 空心 6. 小
7. 代数和;突变;突变 8. 正比;最大;零;相等 9. 33.3 MPa 10. $\dfrac{3}{8}$ 11. 细 12. 8;16 13. 34.4 MPa;86 MPa 14. $\dfrac{3}{16}D^3$ 15. $\dfrac{1}{16}$

三、选择题

1. 受扭转变形的轴,各截面上的内力为_____。
   A. 剪力 B. 剪应力 C. 弯矩 D. 扭矩

2. 受扭转变形的轴,各截面上的应力为_____。
   A. 拉应力 B. 剪应力 C. 压应力 D. 扭应力

3. 圆轴扭转时,横截面上_____。
   A. 只有正应力 B. 只有剪应力
   C. 两者都有 D. 两者都没有

4. 在轴的截面上构成扭矩的应力只能是_____。
   A. 正应力 B. 剪应力 C. 扭转应力 D. 都不对

5. 对扭转轴的校核,要进行_____校核。
   A. 强度校核 B. 刚度校核 C. A和B D. 扭矩校核

6. 传递的功率 P 不变时,增加轴的转速对轴的承载能力_____。
   A. 有所削弱 B. 有所增强
   C. 没有影响 D. 都不对

7. 一圆轴用碳钢制作,校核其扭转刚度时,发现单位长度扭转角超过了许用值为保证此轴的扭转刚度,采用哪种措施最有效_____。
   A. 改用合金钢材料 B. 增加表面光洁度
   C. 增加轴的直径 D. 减小轴的长度

8. 表示扭转变形程度的量_____。
   A. 是扭转角 φ,不是单位长度扭转角 θ B. 是 θ,不是 φ

C. 是 φ 和 θ D. 不是 φ 和 θ

9. 抗扭截面模量的单位是_____。
   A. 米的4次方   B. 米的3次方   C. 帕斯卡   D. 牛顿米
10. 截面极惯性矩的单位是m(米)的_____次方。
    A. 1   B. 2   C. 3   D. 4
11. 直径为 $D = 20$ cm 的圆轴的抗扭截面模量等于_____ cm^3。
    A. 7 850   B. 15 700   C. 785   D. 1 570
12. 圆轴扭转变形时,剪应变和剪应力的分布规律是_____。
    A. 轴心处剪应变为零,而剪应力最大
    B. 轴表面处剪应变最大,而剪应力最小
    C. 轴心处剪应变最大,剪应力也最大
    D. 轴表面处剪应变最大,剪应力也最大
13. 圆轴扭转变形时,横截面上的剪应变沿半径为_____。
    A. 线形分布   B. 抛物线分布   C. 等值分布   D. 不规则分布
14. 下列_____为抗扭刚度。
    A. GI_z B. GI_p C. EF D. EJ_p
15. 下列_____为截面的极惯性矩。
    A. I_p B. I_z C. G D. E
16. 对于扭转变形的圆形截面轴,其他条件不变,若直径由 d 变为 $2d$,则原截面上各点的应力变为原来的_____。
    A. 1/2   B. 1/4   C. 1/16   D. 1/8
17. 薄壁圆管的外径为 52 mm,内径为 48 mm,若圆管两端受 0.6 kN·m 的扭转力偶矩的作用,则横截面上的最大剪应力为_____ MPa。
    A. 92.8   B. 82.9   C. 79.4   D. 70.6
18. 外径为 D,内径为 $0.5D$ 的空心圆轴,两端受扭转力偶矩作用。若轴的外径不变,两端受扭转力偶矩不变,轴的内径变为 $0.8D$,则轴内的最大剪应力变为原来的_____倍。
    A. 1.82   B. 1.59   C. 1.35   D. 1.14
19. 一空心圆轴,两端受扭转力偶矩作用。若轴的内外径之比不变,截面积 A 变为 $3A$,两端受扭转力偶矩不变,则轴内的最大剪应力变为原来的_____。
    A. 1/3   B. 1/9   C. 1/5.2   D. 1/1.7
20. 直径 $D = 20$ cm 的圆轴,所受扭矩为 1 kN·m,该截面上的最大剪应力为_____ MPa。
    A. 0.64   B. 12.7   C. 6.35   D. 1.27
21. 直径 $d = 20$ cm 的圆轴,所受扭矩为 1 kN·m,该截面上距轴心 5 cm 处的剪应力为_____ MPa。
    A. 0.64   B. 12.7   C. 0.32   D. 1.27
22. 两个实心轴直径相等,长度相等,仅是材料不同,在相等的外力偶矩的作用下,则两者的_____。

A. τ_{max} 和 φ_{max} 都相等 B. τ_{max} 相等，φ_{max} 不等
C. τ_{max} 和 φ_{max} 都不等 D. τ_{max} 不等，φ_{max} 相等

23. 对于扭转变形的圆形截面轴，其他条件不变，若直径由 d 变为 $3d$，则两横截面间的最大扭转角变为原来的最大扭转角的_____。
    A. 1/3   B. 1/9   C. 1/81   D. 3倍

24. 对于扭转变形的圆形截面轴，其他条件不变，若长度由 L 变为 $4L$，则最大扭转角变为原来的最大扭转角的_____。
    A. 1/4   B. 1/16   C. 1/256   D. 4倍

25. 对于扭转变形的圆形截面轴，其他条件不变，若长度由 l 变为 $4l$，则两位置固定的横截面间的扭转角变为原来的_____。
    A. 1/4   B. 1/16   C. 4倍   D. 1倍

26. 对于扭转变形的圆形截面轴，其他条件不变，若直径由 d 变为 $d/2$，长度由 L 变为 $L/2$，则两位置固定的横截面间的扭转角变为原来的_____倍。
    A. 2   B. 4   C. 16   D. 1/2

27. 一圆轴用碳钢材料制作，当校核该轴扭转刚度时，发现单位长度的扭转角超过了许用值，为保证此轴的扭转刚度，以下措施中，采用_____最有效。
    A. 改用合金钢材料   B. 改用铸铁材料
    C. 增加圆轴直径   D. 减小轴的长度

28. 一实心圆轴，两端受扭转力偶作用，若将轴的直径增加一倍，则其抗扭刚度变为原来的_____倍。
    A. 16   B. 8   C. 4   D. 2

29. 一实心圆轴，两端受扭转力偶作用，若将轴的截面积增加一倍，则其抗扭刚度变为原来的_____倍。
    A. 16   B. 8   C. 4   D. 2

30. 一空心圆轴，两端受扭转力偶作用，若内外径都增加到原尺寸的 2 倍，则最大剪应力变为原来的_____倍。
    A. 2   B. 4   C. 8   D. 16

31. 一空心圆轴，内外径之比为 0.5。若将轴的截面积减小到一半，内外径之比不变时，则圆轴的单位长度扭转角变为原来的_____倍。
    A. 16   B. 8   C. 4   D. 2

32. 轴的扭转强度条件 $\tau_{max} = T_n/W_n \leqslant [\tau]$，不能解决的问题是_____。
    A. 强度校核   B. 选择截面
    C. 变形量的计算 D. 确定许用载荷

33. 直径为 D 的实心圆轴，两端受扭转力偶矩作用，其最大许用载荷为 T；若将横截面面积增加一倍，则其最大许用载荷为_____。
    A. 1.414T B. 2T C. 2.828T D. 4T

34. 等截面的实心圆轴，两端受 2 kN·m 的扭转力偶矩的作用。设圆轴的许用剪应力为 47 MPa，则根据强度条件，轴的直径应为_____mm。
    A. 76   B. 60   C. 54   D. 50

35. 某传动轴的直径为 80 mm，转速为 70 r/min，材料的许用剪应力为 50 MPa，则此轴所能传递的最大功率为_____kW。
　　A. 73.6　　　　　B. 65.4　　　　　C. 42.5　　　　　D. 36.8

36. 在柴油机所传递的功率 P 不变的情况下，当轴的转速由 n 变为 $2n$ 时，轴所受的外力偶矩将由 M 变为_____。
　　A. $2M$　　　　　B. $4M$　　　　　C. $M/2$　　　　　D. 不改变

37. 在柴油机所传递的功率 P 不变的情况下，当轴的转速由 n 降为 $n/2$ 时，轴所受的外力偶矩将由 M 变为_____。
　　A. $2M$　　　　　B. $4M$　　　　　C. $M/2$　　　　　D. 不改变

38. 同截面面积、同材料的空心轴比实心轴抗扭能力_____。
　　A. 相同　　　　　B. 大　　　　　C. 有大有小　　　　　D. 小

39. 对于轴的扭转问题，应该同时用强度条件和刚度条件去进行_____。
　　A. 强度校核　　　B. 应力校核　　　C. 刚度校核　　　D. 截面设计

40. 对于轴的扭转问题，应该同时用强度条件和刚度条件去进行_____。
　　A. 强度校核　　　　　　　　　　B. 刚度校核
　　C. 许用载荷的确定　　　　　　　D. 应变校核

41. 直径为 d_1 的实心圆轴 1 与内、外径之比 $\alpha = d_2/D_2$ 的空心圆轴 2 承受相同纯扭转后，若二者横截面上的最大剪应力以及轴的长度均相等，则二轴的重量之比 W_1/W_2 为_____。
　　A. $(1-\alpha^4)^{3/2}$　　　　　　　　　B. $(1-\alpha^4)^{3/2}/(1-\alpha^2)$
　　C. $(1-\alpha^4)/(1-\alpha^2)$　　　　　D. $(1-\alpha^4)^{2/3}/(1-\alpha^2)$

42. 汽车传动主轴所传递的功率不变，当轴的转速降低为原来的二分之一时，轴所受的外力偶的力偶矩较之转速降低前将_____。
　　A. 增大一倍　　　B. 增大三倍　　　C. 减小一半　　　D. 不改变。

43. 左端固定的等直圆杆 AB 在外力偶作用下发生扭转变形（如题 11.3.43 图所示），根据已知各处的外力偶矩大小，可知固定端截面 A 上的扭矩 T 大小和正负应为_____kN·m。
　　A. 0　　　　　　B. 7.5
　　C. 2.5　　　　　D. -2.5

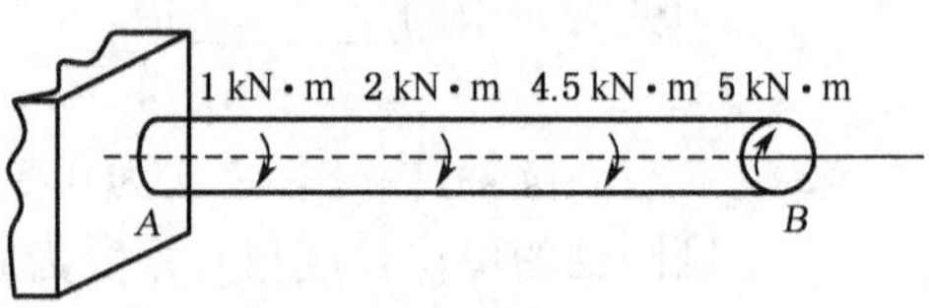

题 11.3.43 图

44. 某圆轴扭转时的扭矩图（如题 11.3.44 图所示）应是其下方的图_____。

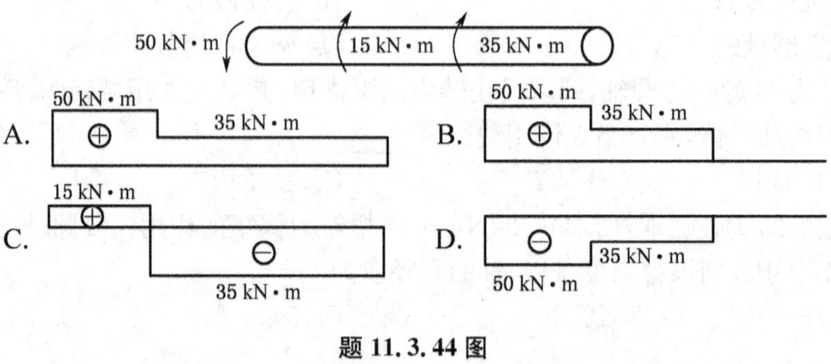

题 11.3.44 图

45. 如题 11.3.45 图所示等截面圆轴,左段为钢,右段为铝,两端承受扭转力矩后,左、右两段_____。
   A. 最大剪应力 τ_{max} 不同,单位长度扭转角 θ 相同
   B. 最大剪应力 τ_{max} 不同,单位长度扭转角 θ 不同
   C. 最大剪应力 τ_{max} 和单位长度扭转角 θ 都不同
   D. 最大剪应力 τ_{max} 和单位长度扭转角 θ 都相同

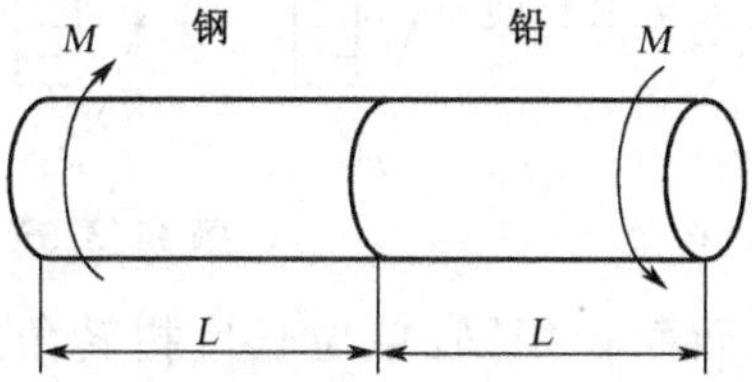

题 11.3.45 图

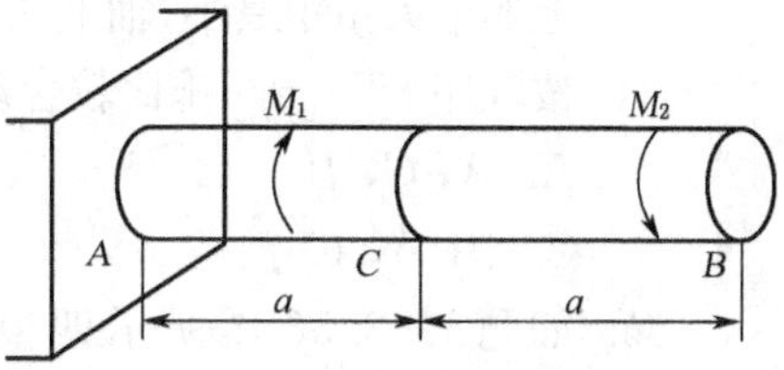

题 11.3.46 图

46. 如题 11.3.46 图所示等直圆轴,若截面 B、A 的相对扭转角 $\varphi_{AB}=0$,则外力偶 M_1 和 M_2 的关系为_____。
   A. $M_1=M_2$ B. $M_1=2M_2$ C. $M_2=2M_1$ D. $M_1=3M_2$

47. 一空心钢轴和一实心铝轴的外径相同,比较两者的抗扭截面模量,可知_____。
   A. 空心钢轴的较大   B. 实心铝轴的较大
   C. 其值一样大   D. 其大小与轴的剪切弹性模量有关

48. 一传动轴上主动轮的外力偶矩为 m_1,从动轮的外力偶矩为 m_2、m_3,而且 $m_1=m_2+m_3$。开始将主动轮安装在两从动轮中间,随后使主动轮和一从动轮位置调换,这样变动的结果会使传动轴内的最大扭矩_____。
   A. 减小   B. 增大   C. 不变   D. 变为零

49. 杆件扭转时,其平面假设的正确结果,只有通过_____的扭转变形才能得到。
   A. 等直杆   B. 圆截面沿轴线变化的锥形杆
   C. 等直圆杆   D. 等直圆杆和锥形杆

50. 直径为 D 的实心圆轴,两端受外力偶作用而产生扭转变形,横截面的最大许用载荷为 T,若将轴的横截面面积增加一倍,则其最大许可载荷为_____。
   A. $2T$ B. $4T$ C. $\sqrt{2}T$ D. $2\sqrt{2}T$

51. 内径为 d,外径为 D 的空心轴共有四根,其横截面面积相等,扭转时两端的外力偶矩为 m,其中内外径比值 d/D 为_____的轴的承载能力最大。
   A. 0.8   B. 0.6   C. 0.5   D. 0(实心轴)

52. 对于材料以及横截面面积均相同的空心圆轴和实心圆轴,前者的抗扭刚度一定_____后者的抗扭刚度。
   A. 小于   B. 等于   C. 大于   D. 无法对比

53. 等截面圆轴扭转时单位长度扭转角为 θ,若圆轴的直径增大一倍,则单位长度扭转角将变为_____。
   A. $\theta/16$ B. $\theta/8$ C. $\theta/4$ D. $\theta/2$

54. 不同材料的两长度相等、直径不等的圆轴受扭后,轴表面母线转过相同的角度。设直径大的轴内最大剪应力为 τ_{1max},直径小的轴内最大剪应力为 τ_{2max}。下列结论中

正确的是_____。

A. $\tau_{1max} = \tau_{2max}$
B. $\tau_{1max} > \tau_{2max}$
C. $\tau_{1max} < \tau_{2max}$
D. 剪切弹性模量大者最大剪应力较大

55. 传动轴转速 $n = 250\text{ r/min}$，此轴上轮 C 输入功率为 $P_C = 150\text{ kW}$，轮 A 及轮 B 的输出功率 $P_A = 50\text{ kW}$，$P_B = 100\text{ kW}$，如题 11.3.55 图所示。为使轴横截面上的最大扭矩最小，轴上三个轮子布置从左至右应按顺序_____排比较合理。

A. A, C, B
B. A, B, C
C. B, A, C
D. C, B, A

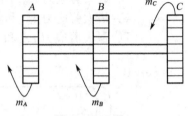

题 11.3.55 图

56. 如题 11.3.56 图所示四根圆轴，横截面面积相同，单位长度扭转角最小的轴是_____。

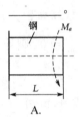 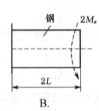 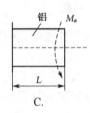 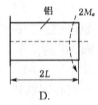

A.　　　　B.　　　　C.　　　　D.

题 11.3.56 图

参考答案：

1. D	2. B	3. B	4. B	5. C	6. B	7. C	8. B	9. B	10. D
11. D	12. D	13. A	14. B	15. A	16. D	17. C	18. B	19. C	20. A
21. C	22. B	23. C	24. D	25. D	26. C	27. C	28. A	29. C	30. C
31. C	32. C	33. C	34. A	35. D	36. C	37. A	38. B	39. D	40. C
41. D	42. A	43. D	44. D	45. D	46. D	47. B	48. B	49. C	50. D
51. A	52. C	53. A	54. B	55. A	56. A				

四、综合应用习题与解答

1. 求题 11.4.1 图所示各受扭圆轴各段的扭矩，并作各杆的扭矩图。

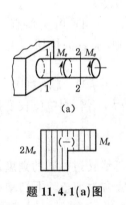

(a)

题 11.4.1(a) 图

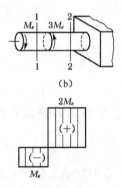

(b)

题 11.4.1(b) 图

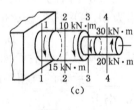

(c)

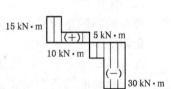

题 11.4.1(c) 图

解 (a) $T_1 = -2M_e$ 　　**解** (b) $T_1 = -M_e$　　**解** (c) $T_1 = 15\,\text{kN}\cdot\text{m}$
　　　　$T_2 = -M_e$　　　　　　　$T_2 = 2M_e$　　　　　　　　$T_2 = 5\,\text{kN}\cdot\text{m}$
　　　　　　　　　　　　　　　　　　　　　　　　　　　　　　　$T_3 = -10\,\text{kN}\cdot\text{m}$
　　　　　　　　　　　　　　　　　　　　　　　　　　　　　　　$T_4 = -30\,\text{kN}\cdot\text{m}$

2. 题 11.4.2 图所示传动轴,转速 $n = 200\,\text{r/min}$,轮 C 为主动轮,输入功率 $P = 60\,\text{kW}$,轮 A、B、D 均为从动轮,输出功率为 $20\,\text{kW}$,$15\,\text{kW}$,$25\,\text{kW}$。试绘该轴的扭矩图。

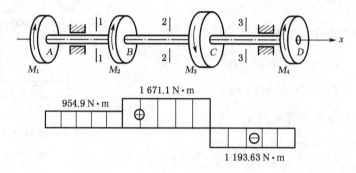

题 11.4.2 图

解 (1) 求各轮转矩

$$M_1 = 9\,549 \times \frac{20}{200} = 954.9\,\text{N}\cdot\text{m}$$

$$M_2 = 9\,549 \times \frac{15}{200} = 716.2\,\text{N}\cdot\text{m}$$

$$M_3 = 9\,549 \times \frac{60}{200} = 2\,864.8\,\text{N}\cdot\text{m}$$

$$M_4 = 9\,549 \times \frac{25}{200} = 1\,193.63\,\text{N}\cdot\text{m}$$

(2) 求各段扭矩

$$T_1 = 954.9\,\text{N}\cdot\text{m}$$

$$T_2 = 1\,671.1\,\text{N}\cdot\text{m}$$

$$T_3 = -1\,193.63\,\text{N}\cdot\text{m}$$

(3) 作扭矩图如图

3. 圆轴的直径 $d = 50\,\text{mm}$。转速 $n = 120\,\text{r/min}$。若该轴横截面上的最大剪应力等于 $60\,\text{MPa}$,求传递的功率是多少千瓦?

解 (1) 根据强度条件计算许可扭矩

$$T = [\tau]W_n = 60 \times 0.2 \times 50^3 = 1\,500\,\text{N}\cdot\text{m}$$

(2) 确定许用功率

$$P = \frac{Mn}{9\,549} = \frac{1\,500 \times 120}{9\,549} = 18.9 \text{ kW}$$

4. 题 11.4.4 图所示一转动轴受外力偶作用，材料的剪切弹性模量 $G = 80$ GPa，许用剪应力 $[\tau] = 50$ MPa，许用单位扭转角 $[\theta] = 0.3°/\text{m}$。作出轴的扭矩图，并选择轴的直径 d。

解 (1) 求扭矩作扭矩图

$$T_1 = -9\,000 \text{ N} \cdot \text{m}$$

$$T_2 = 18\,000 \text{ N} \cdot \text{m}$$

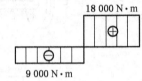

(2) 根据强度条件选择直径 d_1

$$d_1 = \sqrt[3]{\frac{T_2}{0.2[\tau]}} = \sqrt[3]{\frac{18\,000 \times 10^3}{0.2 \times 50}} = 56.5 \text{ mm}$$

题 11.4.4 图

(3) 根据刚度条件选择直径 d_2

$$d_2 = \sqrt[4]{\frac{T_2 \times 180 \times 10^3}{G \times 0.1[\theta]\pi}} = \sqrt[4]{\frac{18\,000 \times 10^3 \times 180 \times 10^3}{80 \times 10^3 \times 0.1 \times 0.3 \times 3.14}} = 144 \text{ mm}$$

圆轴直径应选择大于 144 mm。

5. 题 11.4.5 图所示阶梯形圆轴，直径分别为 $d_1 = 40$ mm，$d_2 = 70$ mm，轴上装有三个皮带轮。已知由轮 3 输入的功率为 $P_3 = 30$ kW，轮 1 输出的功率为 $P_1 = 13$ kW，轴做匀速转动，转速 $n = 200$ r/min，材料的许用剪应力 $[\tau] = 60$ MPa，$G = 80$ GPa，许用扭转角 $[\theta] = 2°/\text{m}$。试画出轴的扭矩图，并校核轴的强度和刚度。

解 (1) 求外力矩、扭矩作扭矩图

$$M_3 = 9\,549 \frac{30}{200} = 1\,432.35 \text{ N} \cdot \text{m}$$

$$M_1 = 9\,549 \frac{13}{200} = 620.69 \text{ N} \cdot \text{m}$$

$$M_2 = 9\,549 \frac{17}{200} = 811.66 \text{ N} \cdot \text{m}$$

$$T_1 = -M_1 = -620.69 \text{ N} \cdot \text{m}$$

$$T_2 = -M_1 - M_2 = -1\,432.35 \text{ N} \cdot \text{m}$$

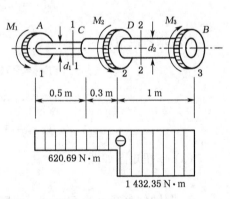

题 11.4.5 图

作扭矩图如图

(2) 强度、刚度校核

$$\tau_1 = \frac{T_1}{W_{n1}} = \frac{620.69 \times 10^3}{0.2 \times 40^3} = 48.5 \text{ MPa} \leqslant [\tau]$$

$$\tau_2 = \frac{T_2}{W_{n2}} = \frac{1\,432.35 \times 10^3}{0.2 \times 70^3} = 20.9 \text{ MPa} \leqslant [\tau]$$

强度满足。

$$\theta_1 = \frac{T_1 \times 180 \times 10^3}{GI_{p1}\pi} = \frac{620.69 \times 10^3 \times 180 \times 10^3}{80 \times 10^3 \times 0.1 \times 40^4 \times 3.14} = 1.74°/\text{m} \leqslant [\theta]$$

$$\theta_2 = \frac{T_2 \times 180 \times 10^3}{GI_{p2}\pi} = \frac{1\,432.35 \times 10^3 \times 180 \times 10^3}{80 \times 10^3 \times 0.1 \times 70^4 \times 3.14} = 0.428°/\text{m} \leqslant [\theta]$$

刚度满足。

6. 一钢制传动轴如题 11.4.6 图所示,已知轴的直径 $d = 50$ mm,做匀速转动,其转速 $n = 300$ r/min。轮 A 输入的功率为 $P_A = 30$ kW,轮 B 和轮 C 输出的功率分别为 $P_B = 13$ kW、$P_C = 17$ kW,材料的剪切弹性模量 $G = 80$ GPa,单位长度许用扭转角 $[\theta] = 1°/$m,许用扭转剪应力 $[\tau] = 30$ MPa。求:(1)作轴的扭矩图;(2)校核该轴的强度;(3)校核该轴的刚度。

解 (1)求扭矩、作扭矩图

$$M_B = 9\,549\,\frac{13}{300} = 413.79 \text{ N·m}$$

$$M_A = 9\,549\,\frac{30}{300} = 954.9 \text{ N·m}$$

$$M_C = 9\,549\,\frac{17}{300} = 541.11 \text{ N·m}$$

$$T_1 = -M_B = -413.79 \text{ N·m}$$

$$T_2 = M_C = 541.11 \text{ N·m}$$

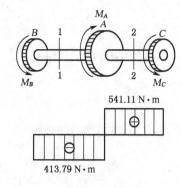

题 11.4.6 图

作扭矩图如图

(2)校核轴的强度

$$\tau = \frac{T_2}{W_n} = \frac{541.11 \times 10^3}{0.2 \times 50^3} = 21.64 \text{ MPa} \leqslant [\tau]$$

强度满足。

(3)校核轴的刚度

$$\theta = \frac{T_2 \times 180 \times 10^3}{GI_p\pi} = \frac{541.11 \times 10^3 \times 180 \times 10^3}{80 \times 10^3 \times 0.1 \times 50^4 \times 3.14} = 0.62°/\text{m} \leqslant [\theta]$$

刚度满足。

7. 题 11.4.7 图所示直径 $d = 75$ mm 的等截面传动轴上,主动轮及从动轮分别作用有力偶矩:$m_1 = 1$ kN·m,$m_2 = 0.6$ kN·m,$m_3 = m_4 = 0.2$ kN·m,如题 11.4.7 图所示。绘

扭矩图,并求轴中的最大剪应力。

解 从左到右各段扭矩为：

$$T_1 = -600 \text{ N·m}$$

$$T_2 = -800 \text{ N·m}$$

$$T_3 = -1\,000 \text{ N·m}$$

绘制扭矩图如图

最大剪应力为：

$$\tau = \frac{T_3}{W_n} = \frac{1\,000 \times 10^3}{0.2 \times 75^3} = 11.85 \text{ MPa}$$

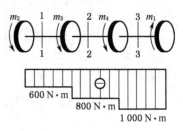

题 11.4.7 图

8. 某圆截面钢轴,转速 $n = 250$ r/min,所传递功率 $P = 60$ kW,许用切应力 $[\tau] = 40$ MPa,单位长度的许用扭转角 $[\theta] = 0.8°/\text{m}$,剪切弹性模量 $G = 80$ GPa,试设计轴的直径。

解 (1) 计算轴的扭矩

$$T = M = 9\,549 \times \frac{60}{250} = 2\,292 \text{ N·m}$$

(2) 按强度设计轴径

$$d_1 \geqslant \sqrt[3]{\frac{T}{0.2[\tau]}} = \sqrt[3]{\frac{2\,292 \times 10^3}{0.2 \times 40}} = 66 \text{ mm}$$

(3) 按刚度设计轴径

$$d_2 \geqslant \sqrt[4]{\frac{T \times 180 \times 10^3}{G \times 0.1[\theta]\pi}} = \sqrt[4]{\frac{2\,292 \times 10^3 \times 180 \times 10^3}{80 \times 10^3 \times 0.1 \times 0.8 \times 3.14}} = 67.31 \text{ mm}$$

轴的直径选择为 68 mm。

9. 受扭圆轴直径 $d = 40$ mm,轴上装有三个皮带轮,如题 11.4.9 图所示。已知轮 A 输入功率 $P_A = 28$ kW,轮 B、C 输出功率分别为 $P_B = 12$ kW,$P_C = 16$ kW,轴的转速 $n = 240$ r/min,材料的许用切应力 $[\tau] = 60$ MPa,校核该轴的强度。

解 (1) 求外力矩和各段扭矩

$$M_C = 9\,549 \times \frac{16}{240} = 636.6 \text{ N·m}$$

$$M_A = 9\,549 \times \frac{28}{240} = 1\,114.05 \text{ N·m}$$

$$M_B = 9\,549 \times \frac{12}{240} = 477.45 \text{ N·m}$$

$$T_1 = -M_C = -636.6 \text{ N·m}$$

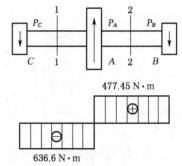

题 11.4.9 图

$$T_2 = M_B = 477.45 \text{ N·m}$$

(2) 校核强度

$$\tau = \frac{T_1}{W_n} = \frac{636.6 \times 10^3}{0.2 \times 40^3} = 49.7 \text{ MPa} \leqslant [\tau]$$

强度满足。

10. 实心轴与空心轴通过牙嵌离合器相连接,如题 11.4.10 图所示。已知轴的转速 $n = 100$ r/min,传递的功率 $P = 10$ kW,$[\tau] = 80$ MPa。试确定实心轴的直径 d 和空心轴的内外直径 d_1 和 D_1。已知:$\alpha = d_1/D_1 = 0.6$。

解 (1) 求扭矩

$$T = M = 9549 \times \frac{10}{100} = 954.9 \text{ N·m}$$

(2) 确定实心轴的直径

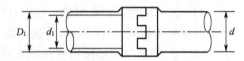

题 11.4.10 图

$$d \geqslant \sqrt[3]{\frac{T}{0.2[\tau]}} = \sqrt[3]{\frac{954.9 \times 10^3}{0.2 \times 80}} = 39.1 \text{ mm}$$

(3) 确定空心轴直径

$$D_1 \geqslant \sqrt[3]{\frac{T}{0.2[\tau](1-\alpha^4)}} = \sqrt[3]{\frac{954.9 \times 10^3}{0.2 \times 80 \times (1-0.6^4)}} = 41 \text{ mm}$$

$$d_1 = 0.6 D_1 = 0.6 \times 41 = 24.6 \text{ mm}$$

11. 传动轴如题 11.4.11 图所示,已知该轴转速 $n = 300$ r/min,主动轮输入功率 $P_C = 30$ kW,从动轮输出功率 $P_A = P_B = 9$ kW,$P_D = 12$ kW,轴材料的剪切弹性模量 $G = 80$ GPa,$[\tau] = 40$ MPa,$[\theta] = 1°$/m,试画出轴的扭矩图,并按强度条件和刚度条件选择轴的直径。

解 (1) 计算外力偶矩、扭矩、画扭矩图

$$M_A = M_B = 9549 \times \frac{9}{300} = 286.47 \text{ N·m}$$

$$M_C = 9549 \times \frac{30}{300} = 954.9 \text{ N·m}$$

$$M_D = 9549 \times \frac{12}{300} = 381.96 \text{ N·m}$$

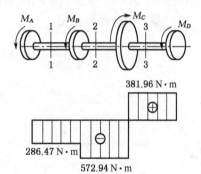

题 11.4.11 图

各段扭矩

$$T_1 = -M_A = -286.47 \text{ N·m}$$

$$T_2 = -M_A - M_B = -572.94 \text{ N·m}$$

$$T_3 = M_D = 381.96 \text{ N·m}$$

作扭矩图如图

(2) 按强度条件选择直径

$$d_1 \geqslant \sqrt[3]{\frac{T}{0.2[\tau]}} = \sqrt[3]{\frac{572.94 \times 10^3}{0.2 \times 40}} = 41.5 \text{ mm}$$

(3) 按刚度条件设计轴的直径

$$d_2 \geqslant \sqrt[4]{\frac{T \times 180 \times 10^3}{G \times 0.1[\theta]\pi}} = \sqrt[4]{\frac{572.94 \times 10^3 \times 180 \times 10^3}{80 \times 10^3 \times 0.1 \times 1 \times 3.14}} = 45 \text{ mm}$$

所以轴的直径应选大于 45 mm。

12. 有直径为 d 实心圆轴 I 及内径为 d_0 和外径为 D,且 $\alpha = d_0/D = 0.8$ 的空心轴 II。已知两轴材料相同,长度相等,传递扭矩均为 T,试求:(1) 两轴最大剪应力相同时的重量比 G_1/G_2;(2) 两轴单位长度扭转角相等时的重量比 G_2/G_1。

解 (1) 两轴最大剪应力相同即是抗扭截面模量相同

$$W_{n1} = W_{n2}, \quad 0.2d^3 = 0.2D^3(1-\alpha^4), \quad d = D\sqrt[3]{1-\alpha^4}$$

$$\frac{G_1}{G_2} = \frac{A_1}{A_2} = \frac{(D\sqrt[3]{1-\alpha^4})^2}{D^2(1-\alpha^2)} = \frac{(\sqrt[3]{1-\alpha^4})^2}{1-0.64} = \frac{0.7}{0.36} = 1.944$$

(2) 两轴单位扭转角相等即是截面极惯性矩相等

$$I_{p1} = I_{p2}, \quad 0.1d^4 = 0.1D^4(1-\alpha^4), \quad d = D\sqrt[4]{1-\alpha^4}$$

$$\frac{G_1}{G_2} = \frac{A_1}{A_2} = \frac{(D\sqrt[4]{1-\alpha^4})^2}{D^2(1-\alpha^2)} = \frac{(\sqrt[4]{1-\alpha^4})^2}{1-0.64} = \frac{0.77}{0.36} = 2.14$$

13. 一传动轴如题 11.4.13 图所示,转速 $n = 640$ r/min,主动轮输入功率 $P_B = 80$ kW,从动轮 A、C 输出功率分别为 $P_A = 60$ kW,$P_C = 20$ kW,轴 $[\tau] = 37$ MPa,$[\theta] = 0.5°/$m,$G = 80$ GPa,试按强度和刚度条件设计轴径。

解 (1) 计算扭矩

$$M_A = 9\,549 \times \frac{60}{640} = 895.2 \text{ N} \cdot \text{m}$$

$$M_B = 9\,549 \times \frac{80}{640} = 1\,193.6 \text{ N} \cdot \text{m}$$

$$M_C = 9\,549 \times \frac{20}{640} = 298.4 \text{ N} \cdot \text{m}$$

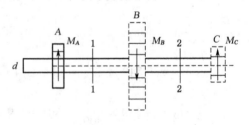

题 11.4.13 图

$$T_1 = M_A = 895.2 \text{ N} \cdot \text{m}$$

$$T_2 = -M_C = -298.4 \text{ N} \cdot \text{m}$$

(2) 按强度条件设计轴径

$$d_1 \geqslant \sqrt[3]{\frac{T_1}{0.2[\tau]}} = \sqrt[3]{\frac{895.2 \times 10^3}{0.2 \times 37}} = 49.5 \text{ mm}$$

(3) 按刚度条件设计轴径

$$d_2 \geqslant \sqrt[4]{\frac{T_1 \times 180 \times 10^3}{G \times 0.1[\theta]\pi}} = \sqrt[4]{\frac{895.2 \times 10^3 \times 180 \times 10^3}{80 \times 10^3 \times 0.1 \times 0.5 \times 3.14}} = 59.85 \text{ mm}$$

同时满足强度刚度,轴径应选择大于 60 mm。

第十二章 直梁的弯曲

一、判断题

1. 以弯曲为主要变形的杆件,只要外力均作用在过轴的纵向平面内,杆件就有可能发生平面弯曲。( )
2. 梁横截面上的剪力,在数值上等于作用在此截面任一侧(左侧或右侧)梁上所有外力的代数和。( )
3. 简支梁若仅作用一个集中力 P,则梁的最大剪力值不会超过 P 值。( )
4. 梁的最大弯矩值必定出现在剪力为零的截面处。( )
5. 两个简支梁的跨度及所承受的载荷相同,但由于材料和横截面面积不同,故梁的剪力和弯矩就不一定相同。( )
6. 若梁某段内各横截面上的弯矩均为零,则该段内各横截面上的剪力也均为零。( )
7. 在梁上作用的向下的均布载荷,即 q 为负值,则梁内的剪力 Q 也必为负值。( )
8. 梁某一段内分布载荷方向向下,这说明弯矩图曲线向上凸,其弯矩值必为正值。( )
9. 梁的弯矩图上某一点的弯矩值为零,该点所对应的剪力图上的剪力值也一定为零。( )
10. 在梁上的剪力为零的地方,所对应的弯矩图的斜率也为零;反过来,若梁的弯矩图斜率为零,则所对应的梁上的剪力也为零。( )
11. 承受均布载荷的悬臂梁,其弯矩图为一条向上凸的二次抛物线,此曲线的顶点一定是在位于悬臂梁的自由端所对应的点处。( )
12. 从左向右检查所绘剪力图的正误时,可以看出,凡集中力作用处,剪力图发生突变,突变值的大小与方向和集中力相同。( )
13. 在梁上集中力偶作用处,其弯矩图有突变,而所对应的剪力图一定为水平线。( )
14. 等截面直梁在纯弯曲时,横截面保持为平面,但其形状和尺寸略有变化。( )
15. 梁产生纯弯曲变形后,其轴线即变成了一段圆弧线。( )
16. 梁产生平面弯曲变形后,其轴线不会保持原长度不变。( )
17. 梁弯曲时,梁内有一层既不受拉又不受压的纵向纤维就是中性层。( )
18. 中性层是梁平面弯曲时纤维缩短区和纤维伸长区的分界面。( )
19. 梁弯曲时,其横截面要绕中性轴旋转,而不会绕横截面的边缘旋转。( )
20. 梁的横截面上作用有负弯矩,其中性轴上侧各点作用的是压应力,下侧各点作用的

是拉应力。 ( )

21. 提高梁弯曲强度最有效的措施是增大横截面面积。 ( )
22. 悬臂梁受集中力 P 作用，P 力方向与截面形状如题 12.1.22 图所示，该梁变形为平面弯曲。 ( )
23. 直梁发生纯弯曲变形时，其横截面上既有正应力，又有剪应力。 ( )
24. 集中力偶作用处，剪力不变，弯矩发生突变，突变值等于集中力偶。 ( )
25. 只要梁上载荷与梁的轴线垂直，梁就会发生平面弯曲。 ( )
26. 若梁在某一梁段内无载荷作用，则该段内的剪力图必为一水平线。 ( )
27. 若梁在某一梁段内无载荷作用，则该段内的弯矩图必为一斜直线。 ( )
28. 在仅有一集中力偶作用下的简支梁，其最大弯矩必发生在集中力偶作用处。 ( )
29. 集中力作用处，剪力发生突变，突变值等于集中力，而弯矩值不变。 ( )
30. 集中力偶作用处，剪力不变，弯矩发生突变，突变值等于集中力偶。 ( )

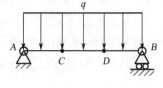

题 12.1.22 图

参考答案：

1. 错 2. 对 3. 对 4. 错 5. 错 6. 对 7. 错 8. 错 9. 错 10. 对
11. 对 12. 对 13. 错 14. 错 15. 对 16. 错 17. 对 18. 对 19. 对 20. 错
21. 错 22. 对 23. 错 24. 对 25. 错 26. 对 27. 错 28. 对 29. 对 30. 对

二、填空题

1. 题 12.2.1 图所示正方形截面简支梁，若载荷不变而将截面边长增加一倍，则其最大弯曲正应力为原来的_____。

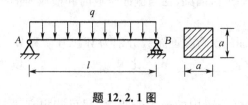

题 12.2.1 图   题 12.2.2 图

2. 梁 AB 受载荷如题 12.2.2 图所示，试问：将支座 A、B 分别内移到 C、D 位置时，梁的承载能力将_____。
3. 将题 12.2.3 图所示外伸梁的集中载荷 P 的方向改变成向上时，梁外伸端的变形将_____。
4. 高度等于宽度两倍的矩形截面梁，承受垂直方向的载荷，竖放截面时梁的强度是横放截面时梁的强度的_____倍。
5. 梁弯曲时，其横截面上的剪力作用线必然_____

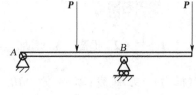

题 12.2.3 图

于横截面。

6. 梁弯曲时,任一横截面上的弯矩可通过该截面一侧(左侧或右侧)的外力确定,它等于该一侧所有外力对_____力矩的代数和;弯矩的正负,可根据该截面附近的变形情况来确定,若梁在该截面附近弯成上_____下_____,则弯矩为正,反之为负。

7. 在梁的某一段内,若无载荷的作用,则剪力图是_____于 x 轴的直线。

8. 梁在发生弯曲变形的同时伴有剪切变形,这种平面弯曲称为_____弯曲。

9. 梁在纯弯曲时,其横截面仍保持为平面,且与变形后的梁轴线相_____;各横截面上的剪力等于_____,而弯矩为_____。

10. 用截面法确定梁横截面上的剪力时,若截面右侧的外力合力向上,则剪力为_____。

11. 将一悬臂梁的自重简化为均布载荷,设其载荷集度为 q,梁长为 l,由此可知在距固定端 $l/2$ 处的横截面上的剪力为_____,固定端处横截面上的弯矩为_____。

12. 将一简支梁的自重简化为均布载荷作用而得出的最大弯矩值,要比简化为集中力作用而得出的最大弯矩值_____(填"大"或"小")。

13. 梁的弯矩图为二次抛物线时,若分布载荷方向向上,则弯矩图为开口向_____的抛物线。

14. 弯矩图的凹凸方向可由分布载荷的_____确定。

15. 梁在弯曲时的中性轴,就是梁的_____与横截面的交线。它必然通过其横截面上的_____那一点。

16. 梁弯曲时,其横截面的_____按线性规律变化,中性轴上各点的正应力等于_____,而距中性轴越_____(填"远"或"近")正应力越大。

17. 矩形截面梁在横力弯曲时,其横截面上的剪应力最大值所在的点上,其正应力为_____。

18. 对于横截面高宽度比 $h:b=3$ 的矩形截面梁,在当截面竖放时和横放时的抗弯能力(抗弯截面系数)之比为_____。

19. 面积相等的圆形、矩形和工字形截面的抗弯截面系数分别为 $W_圆$、$W_矩$ 和 $W_工$,比较其值的大小,其结论应是 $W_圆$ 比 $W_矩$_____,$W_工$ 比 $W_矩$_____。(填"大"或"小")

20. 由弯曲正应力强度条件可知,设法降低梁内的最大弯矩,并尽可能提高梁截面的_____系数,即可提高梁的承载能力。

参考答案:

1. $\frac{1}{8}$ 2. 提高 3. 增加 4. 2 5. 平行 6. 截面形心;凹;凸 7. 平行 8. 剪切(横力) 9. 垂直;零;常数 10. 负 11. $\frac{1}{2}ql$;$-\frac{1}{2}ql^2$ 12. 小 13. 上 14. 方向 15. 中性层;形心 16. 弯矩;零;远 17. 零 18. 3 19. 小;大 20. 抗弯截面

三、选择题

1. 杆件弯曲变形是受到_____力而产生的。
   A. 大小相等,方向相反,作用线不重合的　　B. 与其轴线垂直的
   C. 两个相对与机件轴线加压的　　　　　　D. 垂直杆件的扭矩

2. 梁的结构形式很多,但按支座情况可分为简支梁、_____和_____。
   A. 外伸梁/固定梁　　　　　　　　B. 外伸梁/长梁
   C. 外伸梁/钢结构梁　　　　　　　D. 外伸梁/悬臂梁

3. 工程实际中产生弯曲变形的杆件,如火车机车轮轴、房屋建筑的楼板主梁,在得到计算简图时,需将其支承方式简化为:_____。
   A. 简支梁　　　　　　　　　　　　B. 轮轴为外伸梁,楼板主梁为简支梁
   C. 外伸梁　　　　　　　　　　　　D. 轮轴为简支梁,楼板主梁为外伸梁

4. 在梁的集中力作用处,其左、右两侧无限接近的横截面上的弯矩是_____的。
   A. 相同　　　　　　　　　　　　　B. 数值相等,符号相反
   C. 不相同　　　　　　　　　　　　D. 符号一致,数值不相等

5. 在梁的截面上构成弯矩的应力只能是_____。
   A. 正应力　　　B. 剪应力　　　C. 切应力　　　D. 都不对

6. 梁在集中力作用的截面处_____。
   A. Q 图有突变,M 图光滑连续　　　　B. Q 图有突变,M 图连续但不光滑
   C. M 图有突变,Q 图光滑连续　　　　D. M 图有突变,Q 图连续但不光滑

7. 分析外伸梁 ABC(如题 12.3.7 图所示)的内力时,所得的结果_____是错误的。
   A. AB 段剪力为负值,BC 段剪力为正值
   B. $Q_{max} = 2qa$
   C. 除 A、C 两端点外,各段的弯矩均为负值
   D. $|M_{max}| = 4qa^2$

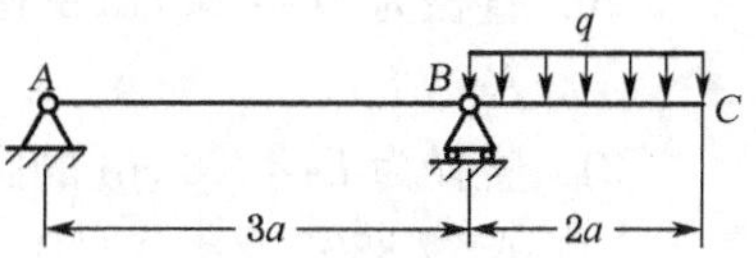

题 12.3.7 图

8. 梁平面弯曲时,横截面上离中性轴距离相同的各点处正应力是_____的。
   A. 相同　　　　　　　　　　　　　B. 随截面形状的不同而不同
   C. 不相同　　　　　　　　　　　　D. 有的地方相同,而有的地方不相同

9. 由梁上载荷、剪力图和弯矩图三者间的关系,可概括一些规律性结论,正确的是_____。
   A. 集中力作用处,M 图发生转折;集中力偶作用处,Q 图连续
   B. 集中力作用处,M 图连续;集中力偶作用处,Q 图不连续
   C. 集中力偶作用处,Q 图会有变化
   D. 集中力偶作用处,所对应的 M 图在此处的左、右斜率将发生突变

10. 若梁的弯曲是纯弯曲,则梁的横截面上_____。
   A. 只有弯矩,无剪力　　　　　　　B. 只有剪力
   C. 两者都有　　　　　　　　　　　D. 两者都没有

11. 弯曲变形的梁,横截面上的内力为_____。

A. 轴力　　　　　B. 剪力　　　　　C. 弯矩　　　　　D. B+C

12. 梁的惯性矩是以_____为轴的。
    A. 中性轴　　　　　　　　　　　B. 轴的中心线
    C. 轴的中心线的垂直线　　　　　D. 都不对

13. 一铸铁"T"形简支梁,中间截面受一向下集中力作用,要想其承受的正弯矩较大,该梁应按_____放置。
    A. "T"　　　　　　　　　　　　B. "⊥"
    C. A 和 B 效果一样　　　　　　D. 无法确定

14. 对梁而言,如把集中力尽量靠近支座,则最大弯矩将_____。
    A. 减小　　　　　B. 不变　　　　　C. 增大　　　　　D. 不一定

15. 一简支梁全长 L,在离左支点 $L/4$ 处向下垂直施力,则梁上截面弯矩最大的地方应是_____。
    A. 左支点　　　　B. 施力的地方　　C. 梁中点　　　　D. 右支点

16. 抗弯截面模量的单位是_____。
    A. 米的4次方　　B. 米的3次方　　C. 帕斯卡　　　　D. 牛顿米

17. 截面惯性矩的单位是米(m)的_____次方。
    A. 1　　　　　　B. 2　　　　　　C. 3　　　　　　D. 4

18. 直径为 D 的圆形截面梁的抗弯截面模量等于_____。
    A. $\pi D^4/64$　　B. $\pi D^4/32$　　C. $\pi D^3/32$　　D. $\pi D^3/16$

19. 直径为 D 的圆形截面梁的截面轴惯性矩等于_____。
    A. $\pi D^4/64$　　B. $\pi D^4/32$　　C. $\pi D^3/32$　　D. $\pi D^3/16$

20. 直径为 $D=20$ cm 的圆形截面梁的抗弯截面模量等于_____cm³。
    A. 7 850　　　　B. 15 700　　　　C. 785　　　　　D. 1 570

21. 直径为 $D=20$ cm 的圆形截面梁的截面惯性矩等于_____cm⁴。
    A. 7 850　　　　B. 15 700　　　　C. 785　　　　　D. 1 570

22. 高为 h,宽为 b 的矩形截面梁的抗弯截面模量等于_____。
    A. $bh^3/12$　　B. $bh^3/6$　　　C. $bh^2/12$　　D. $bh^2/6$

23. 高为 h,宽为 b 的矩形截面梁的截面惯性矩等于_____。
    A. $bh^3/12$　　B. $bh^3/6$　　　C. $bh^2/12$　　D. $bh^2/6$

24. 梁在弯曲变形时,横截面上的正应力沿高度方向为_____。
    A. 线形(非等值)分布　　　　　B. 抛物线分布
    C. 等值分布　　　　　　　　　D. 不规则分布

25. 梁在弯曲变形时,横截面上的正应力沿宽度方向为_____。
    A. 线形(非等值)分布　　　　　B. 抛物线分布
    C. 等值分布　　　　　　　　　D. 不规则分布

26. 矩形截面梁弯曲变形时,上下边缘处的正应力_____;正应变_____。
    A. 最大/最大　　B. 最大/最小　　C. 最小/最大　　D. 最小/最小

27. 梁在纯弯曲时,其横截面的正应力变化规律与纵向纤维应变的变化规律是_____的。

  A. 相同   B. 相反   C. 相似   D. 完全无联系

28. 梁在平面弯曲时,其中性轴与梁的纵向对称面是相互_____的。

  A. 平行   B. 垂直   C. 成任意夹角

29. 高为 $h = 20$ cm,宽为 $b = 10$ cm 的矩形截面梁,所受弯矩为 1 kN·m,该截面上的最大正应力为_____MPa。

  A. 15   B. 7.5   C. 3   D. 1.5

30. 高为 $h = 20$ cm,宽为 $b = 10$ cm 的矩形截面梁,所受弯矩为 1 kN·m,该截面上距中性轴 5 cm 处的正应力为_____MPa。

  A. 0.15   B. 0.75   C. 0.375   D. 1.5

31. 直径 $D = 20$ cm 的圆形截面梁,所受弯矩为 1 kN·m,该截面上的最大正应力为_____MPa。

  A. 0.64   B. 12.7   C. 6.35   D. 1.27

32. 直径 $D = 20$ cm 的圆形截面梁,所受弯矩为 1 kN·m,该截面上距中性轴 5 cm 处的正应力为_____MPa。

  A. 0.64   B. 12.7   C. 6.35   D. 1.27

33. 对于弯曲变形的矩形截面梁,其他条件不变,若宽度由 b 变为 $2b$,则原截面上各点的应力变为原来的_____。

  A. 1/2   B. 1/4   C. 1/8   D. 2 倍

34. 对于弯曲变形的矩形截面梁,其他条件不变,若高度由 h 变为 $2h$,则原截面上各点的应力变为原来的_____。

  A. 1/2   B. 1/4   C. 1/8   D. 2 倍

35. 对于弯曲变形的矩形截面梁,其他条件不变,若宽度由 b 变为 $b/2$,则截面上的最大应力变为原来最大应力的_____。

  A. 2   B. 4   C. 8   D. 1/2

36. 对于弯曲变形的矩形截面梁,其他条件不变,若高度由 h 变为 $h/2$,则截面上的最大应力变为原来最大应力的_____。

  A. 2 倍   B. 4 倍   C. 8 倍   D. 1/2

37. 梁的抗弯刚度为_____。

  A. GI_z B. EI_z C. EF D. GF

38. 若矩形截面梁的高度增大,宽度不变,梁的抗弯强度将_____。

  A. 减小   B. 提高   C. 不变   D. 视梁的材料而定

39. 若矩形截面梁的宽度增大,高度不变,梁的抗弯强度将_____。

  A. 减小   B. 提高   C. 不变   D. 视梁的材料而定

40. 梁受弯矩作用,在材料种类和用料量相同情况下,梁的截面采用_____最佳。

  A. 正方形   B. 圆形   C. 横放矩形   D. 竖放矩形

41. 脆性材料制成的梁在受弯矩作用时,梁的截面采用_____最佳。

  A. 长方形   B. 圆形   C. T 字形   D. 工字形

42. 塑性材料制成的梁在受弯矩作用时,梁的截面采用_____最佳。

  A. 长方形   B. 圆形   C. T 字形   D. 工字形

43. 梁纯弯曲时，横截面上由微内力组成的一个垂直于横截面的_____，最终可简化为弯矩。

    A. 平面平行力系   B. 空间平行力系

    C. 平面力偶系   D. 都不是

44. 由一简支梁的弯矩图（如题 12.3.44 图所示）得出梁在左、中、右三段上的剪力大小和正负依次是_____。

    A. 20 kN、0、−10 kN

    B. 10 kN、0、−20 kN

    C. −10 kN、0、20 kN

    D. −20 kN、0、10 kN

45. 几何形状完全相同的两根梁，一根为钢材，一根为铝材。若两根梁受力情况也相同，则它们的_____。

    A. 弯曲应力相同，轴线曲率不同   B. 弯曲应力不同，轴线曲率相同

    C. 弯曲应力与轴线曲率均相同   D. 弯曲应力与轴线曲率均不同

46. 悬臂梁受力如题 12.3.46 图所示，其中_____。

    A. AB 是纯弯曲，BC 是剪切弯曲

    B. AB 是剪切弯曲，BC 是纯弯曲

    C. 全梁均是纯弯曲

    D. 全梁均为剪切弯曲

47. 中性轴是梁的_____的交线。

    A. 纵向对称面与横截面   B. 纵向对称面与中性层

    C. 横截面与中性层   D. 横截面与顶面或底面

48. 梁纯弯曲变形后，其横截面始终保持为平面，且垂直于变形后的梁轴线，横截面只是绕_____转过了一个微小的角度。

    A. 梁的轴线   B. 梁轴线的曲率中心

    C. 中性轴   D. 横截面自身的轮廓线

49. 右端固定的悬臂梁，梁长 4 米，其 M 图如题 12.3.49 图所示，则在 $x=2$ m 处_____。

    A. 既有集中力，又有集中力偶

    B. 既无集中力，也无集中力偶

    C. 只有集中力

    D. 只有集中力偶

50. 为了充分发挥梁的抗弯作用，在选用梁的合理截面时，应尽可能使其截面的材料置于_____的地方。

    A. 离中性轴较近   B. 离中性轴较远

    C. 形心周围   D. 接近外力作用的纵向对称轴

51. 用四根角钢组成的梁，在受到铅垂平面内的外力作用而产生纯弯曲时，应将角钢组合成如题 12.3.51 图所示_____的形式即可得到最佳的弯曲强度。

第十二章 直梁的弯曲

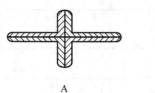 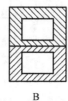 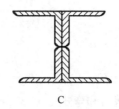 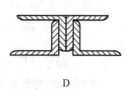

A   B   C   D

题 12.3.51 图

52. _____梁在平面弯曲时,其截面上的最大拉、压力绝对值是不相等的。
   A. 圆形截面　　B. 矩形截面　　C. T字形截面　　D. 热轧工字钢

53. 某简支梁 AB 受荷载如题 12.3.53 图(a)、(b)、(c)所示,今分别用 $N_{(a)}$、$N_{(b)}$、$N_{(c)}$ 表示三种情况下支座 B 的反力,则它们之间的关系应为_____。
   A. $N_{(a)} < N_{(b)} = N_{(c)}$ B. $N_{(a)} > N_{(b)} = N_{(c)}$
   C. $N_{(a)} = N_{(b)} > N_{(c)}$ D. $N_{(a)} = N_{(b)} < N_{(c)}$
   E. $N_{(a)} = N_{(b)} = N_{(c)}$

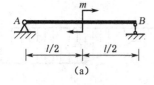 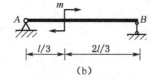 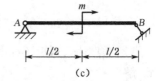

(a)   (b)   (c)

题 12.3.53 图

54. 梁在某段内作用向下的均布载荷时,则在该段内弯矩图是一条_____。
   A. 上凸曲线　　　　　　　　B. 下凸曲线
   C. 斜直线　　　　　　　　　D. 带有拐点的曲线

55. 当弯矩图在某点后斜率增大,说明在这点或从这点开始有_____。
   A. 向下的集中力或向上的均布载荷　　B. 向上的集中力或向下的均布载荷
   C. 向下的集中力或向下的均布载荷　　D. 向上的集中力或向上的均布载荷

参考答案:

1. D   2. D   3. B   4. A   5. A   6. B   7. D   8. A   9. A   10. A
11. D   12. A   13. B   14. A   15. B   16. B   17. D   18. C   19. A   20. C
21. A   22. D   23. A   24. E   25. C   26. A   27. C   28. B   29. C   30. B
31. D   32. A   33. A   34. B   35. A   36. C   37. D   38. B   39. C   40. D
41. C   42. D   43. B   44. B   45. A   46. C   47. D   48. C   49. A   50. B
51. C   52. C   53. D   54. B   55. D

四、综合应用习题与解答

1. 试求题 12.4.1 图所示各梁中截面 1—1、2—2、3—3 上的剪力和弯矩并作剪力图、弯矩图,这些截面无限接近截面 C 或截面 D。设 F_P、q、a 为已知。

（a）解

 （1）求 R_A, m_A

$$\sum F_y = 0, R_A = 0$$
$$\sum m_A(F) = 0, m_A = -F_P \cdot a$$

 （2）求指定截面剪力和弯矩

$$Q_1 = 0, M_1 = F_P \cdot a$$
$$Q_2 = -F_P, M_2 = F_P \cdot a$$
$$Q_3 = 0, M_3 = 0$$

 （3）剪力图、弯矩图如图

（b）解

 （1）求指定截面的剪力和弯矩

$$Q_3 = 0, M_3 = 0$$
$$Q_2 = -qa, M_2 = -\frac{1}{2}qa^2$$
$$Q_1 = -qa, M_1 = -\frac{1}{2}qa^2$$

 （2）剪力图、弯矩图如图

（c）解

 （1）求 R_C, R_D

$$\sum m_D(F) = 0,$$
$$qa \cdot \frac{3}{2}a - R_C \cdot a - qa^2 - qa^2 = 0$$
$$R_C = -\frac{1}{2}qa$$
$$\sum F_y = 0, R_C + R_D - 2qa = 0$$
$$R_D = \frac{5}{2}qa$$

 （2）求指定截面剪力和弯矩

$$Q_1 = -qa, M_1 = -\frac{1}{2}qa^2$$
$$Q_2 = -\frac{3}{2}qa, M_2 = -2qa^2$$

 （3）剪力图、弯矩图如图

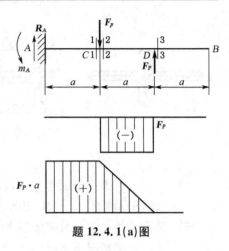

题 12.4.1(a)图

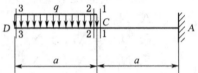

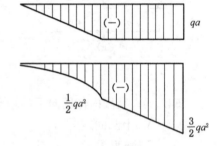

题 12.4.1(b)图

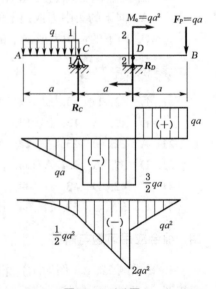

题 12.4.1(c)图

2. 试列出题 12.4.2 图所示各梁的剪力方程和弯矩方程。作剪力图和弯矩图，并确定 Q_{max} 及 M_{max} 值。

(a) **解**

(1) 剪力、弯矩方程

$Q = -ql - qx = -q(l+x)\ (0 < x < l)$

$M = -qlx - \dfrac{1}{2}qx^2$

(2) 剪力、弯矩最大值

$Q_{max} = -2ql$

$M_{max} = -\dfrac{3}{2}ql^2$

(3) 剪力图、弯矩图如图

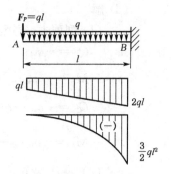

题 12.4.2(a)图

(b) **解**

(1) 剪力、弯矩方程

$Q_1 = -qx_1$

$M_1 = -\dfrac{1}{2}qx_1^2\ \ (0 < x_1 < a)$

$Q_2 = -qa$

$M_2 = -qax_2 + \dfrac{1}{2}qa^2\ \ (a < x_2 < 2a)$

(2) 剪力、弯矩最大值

$Q_{max} = -qa$

$M_{max} = -\dfrac{3}{2}qa^2$

(3) 剪力图、弯矩图如图

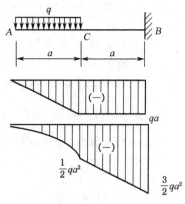

题 12.4.2(b)图

(c) **解**

(1) 求支反力,设 R_A, R_B 支座反力的方向向上

$R_A + R_B = 3F_P$

$3R_B = 5F_P,\ R_B = \dfrac{5}{3}F_P$

$R_A = \dfrac{4}{3}F_P$

(2) 列剪力、弯矩方程

$Q_1 = \dfrac{4}{3}F_P,\ M_1 = \dfrac{4}{3}F_P \cdot x_1\ \ (0 < x_1 < a)$

$Q_2 = \dfrac{1}{3}F_P,\ M_2 = F_Pa + \dfrac{1}{3}F_Px_2\ \ (a < x_2 < 2a)$

$Q_3 = -\dfrac{5}{3}F_P,\ M_3 = 5F_Pa - \dfrac{5}{3}F_Px_3\ \ (2a < x_3 < 3a)$

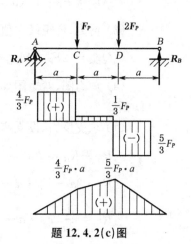

题 12.4.2(c)图

(3) 求最大剪力、弯矩值

$Q_{max} = -\dfrac{5}{3}F_P,\ M_{max} = \dfrac{5}{3}F_Pa$

(4) 剪力图、弯矩图如图

(d) 解

(1) 列剪力、弯矩方程

$Q_1 = -qa$

$M_1 = -qax_1 \quad (0 < x_1 < a)$

$Q_2 = -qa - q(x_2 - a) = -qx_2$

$M_2 = -qax_2 - \frac{1}{2}q(x_2-a)^2 \quad (a < x_2 < 2a)$

(2) 剪力、弯矩最大值

$Q_{max} = -2qa \quad M_{max} = -\frac{5}{2}qa^2$

(3) 剪力图、弯矩图如图

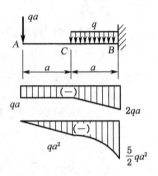

题 12.4.2(d)图

(e) 解

(1) 求支反力,设力的方向向上,力偶方向逆时针

$R_A = 2F_P \quad M_A = F_P \cdot a$

(2) 剪力、弯矩方程

$Q_1 = 2F_P$

$M_1 = -F_P \cdot a + 2F_P \cdot x_1 \quad (0 < x_1 < a)$

$Q_2 = 0$

$M_2 = F_P \cdot a \quad (a < x_2 < 2a)$

(3) 剪力、弯矩最大值

$Q_{max} = 2F_P \quad M_{max} = F_P \cdot a$

(4) 剪力图、弯矩图如图

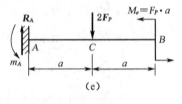
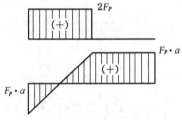

题 12.4.2(e)图

(f) 解

(1) 求支反力,设支座反力的方向向上

$R_A + R_B = F_P$

$R_B \cdot 2a - F_P \cdot a - F_P \cdot a = 0$

$R_B = \frac{1}{2a}(F_P \cdot a + F_P \cdot a) = F_P$

$R_A = 0$

(2) 剪力、弯矩方程

$Q_1 = 0 \quad M_1 = 0 \quad (0 < x_1 < a)$

$Q_2 = -F_P \quad M_2 = F_P \cdot a - F_P(x_2 - a) \quad (a < x_2 < 2a)$

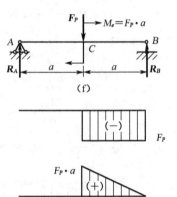

题 12.4.2(f)图

(3) 剪力、弯矩最大值

$Q_{\max} = -F_P \quad M_{\max} = F_P \cdot a$

(4) 剪力图、弯矩图如图

(g) **解**

(1) 求支反力，设力的方向向上，力偶的转向逆时针

$R_A = 2qa \quad m_A = qa^2$

(2) 剪力、弯矩方程

$Q_1 = 2qa - qx_1$

$M_1 = 2qax_1 - qa^2 - \dfrac{1}{2}qx_1^2 \quad (0 < x_1 < 2a)$

$Q_2 = 0 \quad M_2 = qa^2 \quad (2a < x_2 < 3a)$

(3) 剪力、弯矩最大值

$Q_{\max} = 2qa \quad M_{\max} = qa^2$

(4) 剪力图、弯矩图如图

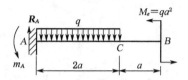
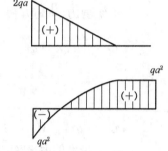

题 12.4.2(g)图

(h) **解**

(1) 求支反力，设支座反力的方向向上

$R_C + R_B = 7F_P$

$F_P \cdot a + R_B \cdot 2a - 6F_P a = 0$

$R_B = \dfrac{5}{2}F_P \quad R_C = \dfrac{9}{2}F_P$

(2) 剪力、弯矩方程

$Q_1 = -F_P \quad M_1 = -F_P x_1 \quad (0 < x_1 < a)$

$Q_2 = \dfrac{7}{2}F_P \quad M_2 = \dfrac{F_P}{2}(7x_2 - 9a) \quad (a < x_2 < 2a)$

$Q_3 = -\dfrac{5}{2}F_P \quad M_3 = \dfrac{5}{2}F_P(3a - x_3)$

$(2a < x_3 < 3a)$

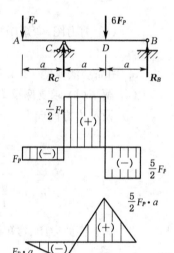

题 12.4.2(h)图

(3) 剪力、弯矩最大值

$Q_{\max} = \dfrac{7}{2}F_P \quad M_{\max} = \dfrac{5}{2}F_P a$

(4) 剪力图、弯矩图如图

(i) **解**

(1) 求支反力，设支座反力的方向向上

$$R_C + R_B = \frac{3}{2}qa$$

$$\frac{3}{2}qa \cdot \frac{3}{4}a - R_C a = 0$$

$$R_C = \frac{9}{8}qa \quad R_B = \frac{3}{8}qa$$

(2) 剪力、弯矩方程

$$Q_2 = \frac{9}{8}qa - qx_2 \quad M_2 = \frac{9}{8}qax_2 - \frac{1}{2}qx_2^2 - \frac{9}{16}qa^2$$

$$\left(\frac{a}{2} < x_2 < \frac{3}{2}a\right)$$

$$Q_1 = qx_1 \quad M_1 = \frac{1}{2}qx_1^2 \quad \left(0 < x_1 < \frac{a}{2}\right)$$

(3) 最大剪力、弯矩值

$$Q_{\max} = \frac{5}{8}qa \quad M_{\max} = \frac{1}{8}qa^2$$

(4) 剪力图、弯矩图如图

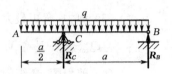
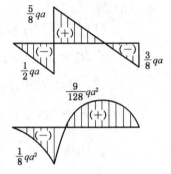

题 12.4.2(i) 图

3. 用简易法作题 12.4.3 图所示各梁的剪力图和弯矩图。

(a) **解** (1) 求支座反力

设反力方向向上

$$R_A + R_B = \frac{3}{2}ql$$

$$R_B = \frac{5}{4}ql, \quad R_A = \frac{1}{4}ql$$

(2) 作剪力图、弯矩图如图

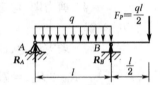
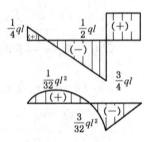

题 12.4.3(a) 图

(b) **解**

(1) 求支座反力

设反力方向向上，反力偶转向逆时针

$$R_A = qa, \quad m_A = qa^2$$

(2) 作剪力图、弯矩图如图

(c) **解**

(1) 求支座反力

设反力方向向上

$$R_A + R_B = 0$$

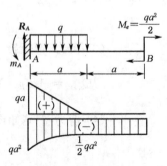

题 12.4.3(b) 图

$$R_B \cdot 2a + qa \cdot \frac{3}{2}a - \frac{1}{2}qa^2 = 0$$

$$R_B = -\frac{1}{2}qa, \quad R_A = \frac{1}{2}qa$$

(2) 作剪力图、弯矩图如图

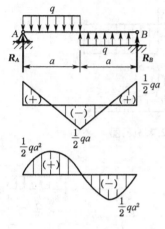

题 12.4.3(c)图

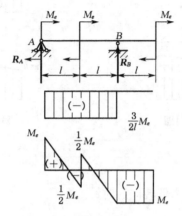

题 12.4.3(d)图

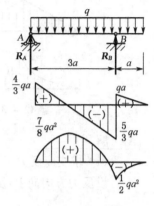

题 12.4.3(e)图

(d) 解

(1) 求支座反力

设反力方向向上

$$R_A + R_B = 0$$

$$R_B = \frac{3}{2l}M_e, \quad R_A = -\frac{3}{2l}M_e$$

(2) 作剪力图、弯矩图如图

(e) 解

(1) 求支座反力

设反力方向向上

$$R_A + R_B = 4qa$$

$$3aR_B - 8qa^2 = 0$$

$$R_B = \frac{8}{3}qa, \quad R_A = \frac{4}{3}qa$$

(2) 作剪力图、弯矩图如图

(f) 解

(1) 求支座反力

设反力方向向上,反力偶转向逆时针

$$R_B = 0, \quad M_B = qa^2$$

(2) 作剪力图、弯矩图如图

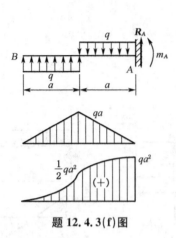

题 12.4.3(f)图

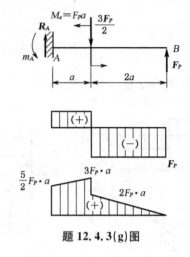

题 12.4.3(g)图

(g) 解

(1) 求支座反力

设反力方向向上，反力偶转向逆时针

$$R_A = \frac{1}{2}F_P, \quad m_A = -\frac{5}{2}F_P \cdot a$$

(2) 作剪力图、弯矩图如图

(h) 解

(1) 求支座反力

设反力方向向上

$$R_A + R_B = -\frac{1}{2}ql$$

$$-R_A l - ql \cdot \frac{l}{2} + q\frac{l}{2} \cdot \frac{l}{4} = 0$$

$$R_A = -\frac{3}{8}ql, \quad R_B = -\frac{1}{8}ql$$

(2) 作剪力图、弯矩图如图

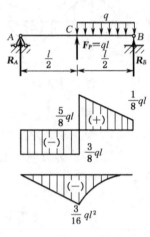

题 12.4.3(h)图

(i) 解

(1) 求支座反力

设反力方向向上

$$R_A + R_B = 0$$

$$R_B \cdot 2a + 2M_e + M_e = 0$$

$$R_B = -\frac{3}{2a}M_e, \quad R_A = \frac{3}{2a}M_e$$

(2) 作剪力图、弯矩图如图

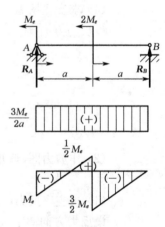

题 12.4.3(i)图

(j) **解**

    (1) 求支座反力

    设反力方向向上

$$R_A + R_B = 2qa$$

$$\frac{1}{2}qa^2 + R_B \cdot 2a - qa \cdot 3a = 0$$

$$2aR_B = \frac{5}{2}qa^2$$

$$R_B = \frac{5}{4}qa, \quad R_A = \frac{3}{4}qa$$

    (2) 作剪力图、弯矩图如图

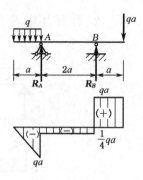

题 12.4.3(j)图

(k) **解**

    (1) 求支座反力

    设反力方向向上

$$R_A + R_B = 2qa$$

$$2aR_B + \frac{1}{2}qa^2 - qa^2 - \frac{1}{2}qa^2 = 0$$

$$R_B = \frac{1}{2}qa, \quad R_A = \frac{3}{2}qa$$

    (2) 作剪力图、弯矩图如图

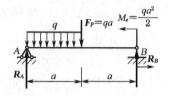

题 12.4.3(k)图

(l) **解**

    (1) 求支座反力

    设反力方向向上

$$R_A + R_B = 2qa$$

$$2aR_B + \frac{1}{2}qa^2 - qa^2 - \frac{5}{2}qa^2 = 0$$

$$R_B = \frac{3}{2}qa, \quad R_A = \frac{1}{2}qa$$

    (2) 作剪力图、弯矩图如图

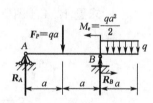

题 12.4.3(l)图

(m) **解**

    (1) 求支反力

    设反力方向向上

$$R_A + R_B = 2qa$$

$$3aR_B + qa^2 - 2qa^2 = 0$$

$$R_B = \frac{1}{3}qa, \quad R_A = \frac{5}{3}qa$$

(2) 作剪力图、弯矩图如图

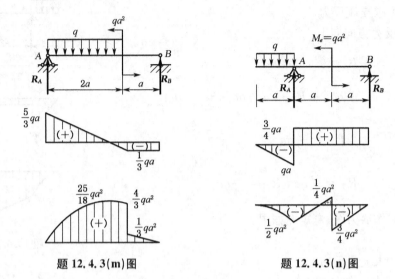

题 12.4.3(m)图   题 12.4.3(n)图

（n）解

（1）求支反力

设反力的方向向上

$$R_A + R_B = qa$$

$$2aR_B + qa^2 + \frac{1}{2}qa^2 = 0$$

$$R_B = -\frac{3}{4}qa, \quad R_A = \frac{7}{4}qa$$

(2) 作剪力图、弯矩图如图

4. 求题 12.4.4 图所示 C 截面上 a、b 点的正应力。

解

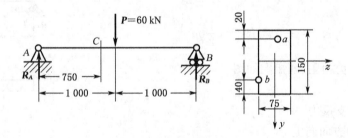

题 12.4.4 图

（1）求支座反力

$$R_A = R_B = 30 \text{ kN}$$

(2) 求 C 截面弯矩

$$M_C = 30 \times 750 = 22\,500 \text{ N} \cdot \text{m}$$

(3) 求 C 截面 a、b 两点正应力

$$\sigma_a = \frac{M_C \cdot y_a}{I_z} = \frac{22\,500 \times 10^3 \times (-55)}{\dfrac{75 \times 150^3}{12}} = -58.7 \text{ MPa}$$

$$\sigma_b = \frac{M_C \cdot y_b}{I_z} = \frac{22\,500 \times 10^3 \times 35}{\dfrac{75 \times 150^3}{12}} = 37.3 \text{ MPa}$$

5. 矩形截面梁受力如题 12.4.5 图所示。$b = 8$ cm, $h = 12$ cm, 试求危险截面上 a、c、d 三点的弯曲正应力。

解 (1) 求最大弯矩 $M = 4$ kN·m

(2) 求 a、b、c 三点的弯曲应力

$$\sigma_a = \frac{M}{W_z} = \frac{4\,000\,000 \times 6}{80 \times 120^2} = 20.833 \text{ MPa}$$

$$\sigma_c = \frac{M y_c}{I_z} = \frac{4\,000\,000 \times 30 \times 12}{80 \times 120^3} = 10.42 \text{ MPa}$$

$$\sigma_d = 0$$

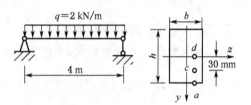

题 12.4.5 图

6. 矩形截面梁的载荷和约束如题 12.4.6 图所示, 已知材料的许用正应力 $[\sigma] = 160$ MPa, 求出 I-I 截面上 a、b 两点的弯曲正应力, 并校核梁的正应力强度。

解 (1) 求 I-I 截面弯矩

$R_A = 60$ kN　$m_A = 10$ kN·m

C 截面的左侧弯矩为 50 kN·m

(2) 求 a、b 两点的弯曲正应力

$$\sigma_a = \frac{M_C}{W_z} = -\frac{50\,000\,000 \times 6}{120 \times 180^2}$$

$$= -77.2 \text{ MPa}$$

$$\sigma_b = \frac{50\,000\,000 \times 60 \times 12}{120 \times 180^3} = 51.4 \text{ MPa}$$

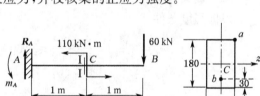

题 12.4.6 图

(3) 校核梁的正应力强度

C 截面的右侧弯矩最大, 其值为 60 kN·m

$$\sigma_{\max} = \frac{M_{\max}}{W_z} = \frac{60\,000\,000 \times 6}{120 \times 180^2} = 92.6 \text{ MPa} \leqslant [\sigma]$$

强度满足。

7. 矩形截面梁的载荷和约束如题 12.4.7 图所示,求出 I-I 截面上 a、b、d 三点的弯曲正应力。材料的许用正应力 $[\sigma] = 160$ MPa,校核梁的强度。

解 (1) 求 I-I 截面弯矩

$$R_A = 55 \text{ kN}, \quad m_A = 165 \text{ kN} \cdot \text{m}$$

C 截面左侧的弯矩为 -55 kN·m

(2) 求 a、b 两点的弯曲正应力

$$\sigma_a = \frac{M_c}{W_z} = \frac{55\,000\,000 \times 6}{120 \times 180^2} = 84.9 \text{ MPa}$$

$$\sigma_b = -\frac{55\,000\,000 \times 60 \times 12}{120 \times 180^3} = -56.6 \text{ MPa}$$

$$\sigma_d = 0$$

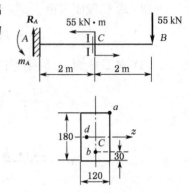

题 12.4.7 图

(3) 校核梁的正应力强度

固定端截面上弯矩最大,其值为 165 kN·m

$$\sigma_{\max} = \frac{M_{\max}}{W_z} = \frac{165\,000\,000 \times 6}{120 \times 180^2} = 254.6 \text{ MPa} > [\sigma]$$

强度不满足。

8. 吊车大梁受力如题 12.4.8 图所示,横截面为 20a 号工字钢 $W = 237$ cm^3,$l = 5$ m,$[\sigma] = 160$ MPa,试确定最大起重量。

解 最大弯矩为 $1.25P$,
根据强度条件

$$\sigma_a = \frac{M}{W_z} = \frac{1\,250P}{237\,000} \leqslant 160$$

$$P_{\max} = 30.336 \text{ kN}$$

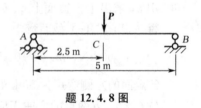

题 12.4.8 图

9. 如题 12.4.9 图所示梁,计算 B 截面的最大拉应力和最大压应力。已知 $y_1 = 80$ mm,$y_2 = 120$ mm,$I_z = 4 \times 10^6$ mm^4。

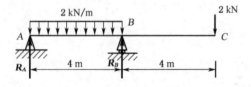

题 12.4.9 图

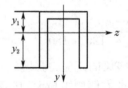

解 (1) 求 A、B 支座的约束反力

$$R_A = 3 \text{ kN}, \quad R_B = 7 \text{ kN}$$

152

B 截面上的弯矩为 -4 kN·m。

B 截面上的最大拉应力为：

$$\sigma_{1\max} = \frac{M_B y_1}{I_z} = \frac{4\,000\,000 \times 80}{4 \times 10^6} = 80 \text{ MPa}$$

B 截面上的最大压应力为：

$$\sigma_{y\max} = \frac{M_B y_2}{W_z} = \frac{4\,000\,000 \times 120}{4 \times 10^6} = 120 \text{ MPa}$$

10. T形截面铸铁梁，受力如题 12.4.10 图所示。若铸铁的许用拉应力为 $[\sigma_1] = 40$ MPa，许用压应力为 $[\sigma_y] = 160$ MPa，截面对形心 z_C 的惯性矩 $I_{z_C} = 1.08 \times 10^8$ mm^4，$y_1 = 96.4$ mm，$y_2 = 153.6$ mm，$P = 40$ kN，试按正应力强度条件校核梁的强度。

解 （1）A 截面的约束反力

$R_A = -P = -40$ kN，$m_A = -32$ kN·m

A 处有正弯矩 32 kN·m，C 处有负弯矩 24 kN·m。

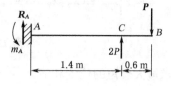

题 12.4.10 图

（2）求最大的拉压应力

A 点的最大拉应力为：

$$\sigma_{A1} = \frac{M_A y_1}{I_z} = \frac{32\,000\,000 \times 96.4}{1.08 \times 10^8} = 28.563 \text{ MPa} < [\sigma_1]$$

A 点的最大压应力为：

$$\sigma_{Ay} = \frac{M_A y_2}{I_z} = \frac{32\,000\,000 \times 153.6}{1.08 \times 10^8} = 45.51 \text{ MPa} < [\sigma_y]$$

C 点的最大拉应力为：

$$\sigma_{C1} = \frac{M_C y_2}{I_z} = \frac{24\,000\,000 \times 153.6}{1.08 \times 10^8} = 34.13 \text{ MPa} < [\sigma_1]$$

T形截面梁的拉压强度均满足。

11. 空心管梁受载如题 12.4.11 图所示，已知 $[\sigma] = 150$ MPa，外径 $D = 80$ mm，求内径 d 的最大值。

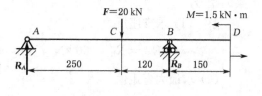

解 （1）求支座反力

$R_B = 9.46$ kN，$R_A = 10.54$ kN

（2）求最大弯矩值

$M_{\max} = 2\,635$ N·m

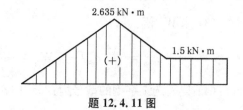

题 12.4.11 图

（3）求内径值

$$\sigma_{max} = \frac{M}{W_z} = \frac{2\ 635\ 000}{0.1 \times 80^3(1-\alpha^4)} \leqslant 150$$

$$\alpha \leqslant \sqrt[4]{1 - \frac{2\ 635\ 000}{0.1 \times 80^3 \times 150}} = 0.9$$

$$d = 0.9 \times 80 = 72\ \text{mm}$$

12. 矩形截面悬臂梁，$h = 2b$，受力如题 12.4.12 图所示，材料的许用应力 $[\sigma] = 160\ \text{MPa}$。按正应力强度条件设计横截面尺寸 b、h 之值。

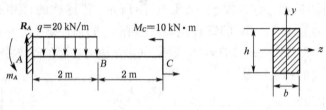

题 12.4.12 图

解 （1）求最大弯矩的位置和值

$$R_A = 40\ \text{kN},\ m_A = 30\ \text{kN} \cdot \text{m}$$

最大弯矩为：$30\ \text{kN} \cdot \text{m}$。

（2）按正应力强度条件

$$\sigma_{max} = \frac{M_{max}}{W_z} = \frac{30 \times 10^6 \times 6}{b \times (2b)^2} \leqslant [\sigma] = 160$$

$$b \geqslant \sqrt[3]{\frac{30 \times 6 \times 10^6}{4 \times 160}} = 65.5\ \text{mm}$$

$$h = 131\ \text{mm}$$

13. 外伸梁受力如题 12.4.13 图所示，$q = 12\ \text{kN/m}$，$[\sigma] = 160\ \text{MPa}$，试选择此工字钢梁的型号。

解 （1）求支座反力

$$R_A = R_B = 60\ \text{kN}$$

（2）求最大弯矩值

$$M_{max} = 30\ \text{kN} \cdot \text{m}$$

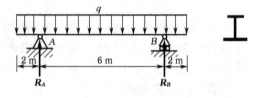

题 12.4.13 图

（3）求 W_z 值

$$\sigma_{max} = \frac{M}{W_z} \leqslant [\sigma],\ W_z \geqslant \frac{M}{[\sigma]} = \frac{30 \times 10^6}{160} = 18.75 \times 10^4\ \text{mm}^3$$

（4）查表选工字钢的型号为：20a 工字钢，$W_z = 237\ \text{cm}^3$。

14. 一矩形截面外伸梁受力如题 12.4.14 图所示,已知 $[\sigma] = 160$ MPa,求最大许可载荷 F。

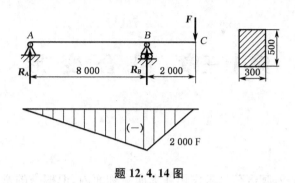

题 12.4.14 图

解 (1)求支座反力,设反力方向向上

$$R_A = -\frac{1}{4}F, \quad R_B = \frac{5}{4}F$$

(2)求最大弯矩值

$$M_{\max} = 2\,000F$$

(3)求最大许可值 F

$$F \leqslant \frac{160 \times 300 \times 500^2}{6 \times 2\,000} = 1\,000 \text{ kN}$$

第十三章 组 合 变 形

一、判断题

1. 屋架上的檩条,其载荷虽未作用在纵向对称面内,但檩条的弯曲仍是平面弯曲,故檩条的变形可由两个相互垂直的平面弯曲组合而成。( )
2. 若材料不服从虎克定律,则就无法保证位移、应力、应变等与外力成线性关系。( )
3. 单层工业厂房的立柱发生偏心压缩时,对其截面而言,总压力的作用点通过截面形心。( )
4. 拉伸或压缩与弯曲组合变形的杆件,其横截面中性轴一定通过截面形心。( )
5. 对许用拉应力和许用压应力相同的塑性材料,在进行强度计算时,只校核该构件危险截面上应力绝对值为最大地方的强度就可以了。( )
6. 有些材料的抗拉强度低,所以用这些材料制成的短压杆在确定截面核心后,只要偏心压力作用点位于截面核心以外,压杆的横截面上就不会产生拉应力。( )
7. 杆件发生斜弯曲时,杆变形的总挠度方向一定与中性轴相垂直。( )
8. 若偏心压力位于截面核心的内部,则中性轴穿越杆件的横截面。( )
9. 若压力作用点离截面核心越远,则中性轴离截面越远。( )
10. 在弯扭组合变形圆截面杆的外边界上,各点的应力状态都处于平面应力状态。( )
11. 在弯曲与扭转组合变形圆截面杆的外边界上,各点主应力必然是 $\sigma_1 > \sigma_2$,$\sigma_2 = 0$,$\sigma_3 < 0$。( )
12. 在拉伸、弯曲和扭转组合变形圆截面杆的外边界上,各点主应力必然是 $\sigma_1 > 0$,$\sigma_2 = 0$,$\sigma_3 < 0$。( )
13. 承受斜弯曲的杆件,其中性轴必然通过横截面的形心,而且中性轴上正应力必为零。( )
14. 承受偏心拉伸(压缩)的杆件,其中性轴仍然通过横截面的形心。( )
15. 偏心拉压杆件中性轴的位置,取决于梁截面的几何尺寸和载荷作用点的位置,而与载荷的大小无关。( )
16. 拉伸(压缩)与弯曲组合变形和偏心拉伸(压缩)组合变形的中性轴位置都与载荷的大小无关。( )

参考答案:

1. 错   2. 对   3. 错   4. 错   5. 对   6. 错   7. 错   8. 错   9. 错   10. 对

11. 对　**12.** 对　**13.** 对　**14.** 错　**15.** 对　**16.** 错

二、填空题

1. 定性分析题 13.2.1 图示结构中各构件将发生哪些基本变形？

(a) AD 杆_____，BC 杆_____，AC 杆_____。

(b) AB 杆_____，BC 杆_____。

(c) AB 杆_____，BC 杆_____。

(d) CD _____，BD _____，AB _____，BC _____。

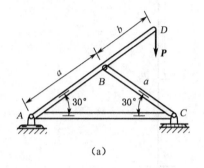

(a)

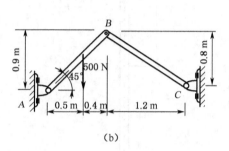

(b)

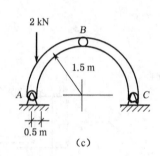

(c)

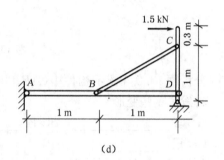

(d)

题 13.2.1 图

2. 分析图 13.2.2 中各杆的受力和变形情况。

(a) _____ ;

(b) _____ ;

(c) _____ ;

(d) _____ ;

(e) _____ ;

(f) _____ ;

(g) _____ 。

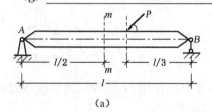

(a)

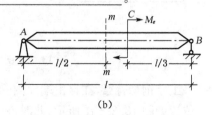

(b)

· 157 ·

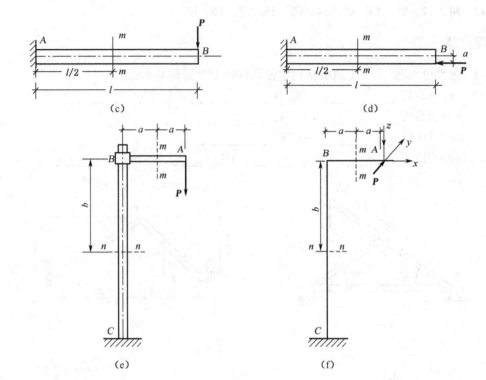

题 13.2.2 图

3. 分析题 13.2.3 图示构件中（AB、BC 和 CD）各段将发生哪些变形？

   AB 段＿＿＿＿＿＿，BC 段＿＿＿＿＿＿，CD 段＿＿＿＿＿＿。

4. 带缺口的钢板受到轴向拉力 P 的作用,若在其上再切一缺口,并使上下两缺口处于对称位置(如题 13.2.4 图所示),则钢板这时的承载能力将＿＿＿＿＿。(不考虑应力集中的影响)

5. 若一短柱的压力与轴线平行但并不与轴线重合,则产生的是＿＿＿＿变形。

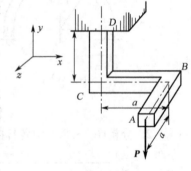

题 13.2.3 图

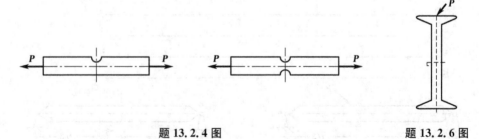

题 13.2.4 图　　　　　　题 13.2.6 图

6. 一工字钢悬臂梁,在自由端面内受到集中力 P 的作用,力的作用线和横截面的相互位置如题 13.2.6 图所示,此时该梁的变形状态应为＿＿＿＿＿。

7. 请说明题 13.2.7 图中几种结构中的部件承受哪些变形。

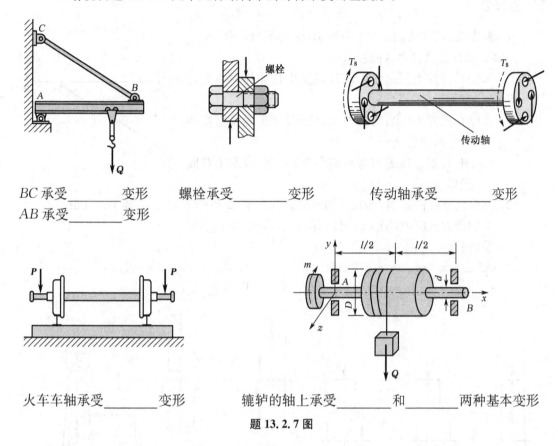

BC 承受_____变形　　　螺栓承受_____变形　　　传动轴承受_____变形
AB 承受_____变形

火车车轴承受_____变形　　　辘轳的轴上承受_____和_____两种基本变形

题 13.2.7 图

参考答案：

1. (a) AD 杆压缩、弯曲组合变形；BC 杆压缩、弯曲组合变形；AC 杆不发生变形。

(b) AB 杆压弯组合变形，BC 杆弯曲变形。

(c) AB 杆压弯组合变形，BC 杆压弯组合变形。

(d) CD 压弯组合变形，BD 发生压弯组合变形，AB 发生弯伸变形，BC 发生拉伸变形。

2. (a) 力可分解成水平和竖直方向的分力，为压弯组合变形。

(b) 所受外力偶矩作用，产生弯曲变形。

(c) 该杆受竖向集中荷载，产生弯曲变形。

(d) 该杆受水平集中荷载，偏心受压，产生压缩和弯曲组合变形。

(e) AB 段：受弯，弯曲变形；BC 段：压弯组合变形。

(f) AB 段：斜弯曲；BC 段：弯扭组合。

3. AB 段发生弯曲变形；BC 段发生弯曲、扭转变形；CD 段发生拉伸、双向弯曲变形。

4. 提高

5. 压弯组合

6. 斜弯曲

7. 拉伸，压弯组合；剪切；扭转；弯曲；扭转，弯曲。

三、选择题

1. 斜支梁 AB 如题 13.3.1 图所示，确定梁的变形，有_____。
   A. AB 梁只发生弯曲变形
   B. AC 段发生弯曲变形，CB 段发生拉伸与弯曲组合变形
   C. AC 段发生压缩与弯曲组合变形，BC 段发生拉伸与弯曲组合变形
   D. AC 段发生压缩与弯曲组合变形，BC 段发生弯曲变形

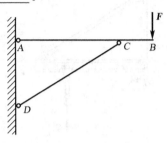

题 13.3.1 图

2. 三根受压杆件如题 13.3.2 图所示。杆 1、杆 2 和杆 3 中的最大压应力（绝对值）分别用 σ_{max1}、σ_{max2} 和 σ_{max3} 表示，则有_____。

   A. $\sigma_{max1} = \sigma_{max2} = \sigma_{max3}$ 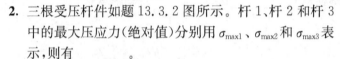 B. $\sigma_{max1} > \sigma_{max2} = \sigma_{max3}$

   C. $\sigma_{max2} > \sigma_{max1} = \sigma_{max3}$ D. $\sigma_{max2} < \sigma_{max1} = \sigma_{max3}$

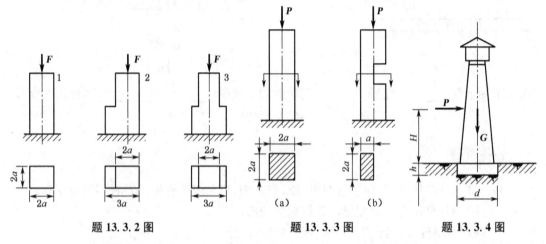

题 13.3.2 图　　　　题 13.3.3 图　　　　题 13.3.4 图

3. 正方形受压短柱如题 13.3.3 图(a)所示，若将短柱中间部分挖去一槽，如(b)图所示，则开槽后柱的最大压应力比未开槽时增加_____。
   A. 8 倍　　　　B. 7 倍　　　　C. 2 倍　　　　D. 5 倍

4. 题 13.3.4 图所示，水塔和基础总重量 $G = 6\,000$ kN，风压的合力 $F = 60$ kN，作用于离地面高度 $H = 15$ m 处。基础埋深 $h = 3$ m。土壤的许可压应力 $[\sigma] = 0.3$ MPa，则圆形基础所需直径 d 为_____。
   A. 6.5 m　　　　B. 0.5 m　　　　C. 3.12 m　　　　D. 6.24 m

5. 对于偏心压缩的杆件，下述结论中_____是错误的。
   A. 截面核心是指保证中性轴不穿过横截面的、位于截面形心附近的一个区域
   B. 中性轴是一条不通过截面形心的直线
   C. 外力作用点与中性轴始终处于截面形心的相对两边
   D. 截面核心与截面的形状、尺寸及载荷大小有关

6. 若一短柱的压力与轴线平行但并不与轴线重合，则产生的是_____变形。
   A. 压缩　　　　　　　　　　B. 压缩与平面弯曲的组合
   C. 斜弯曲　　　　　　　　　D. 挤压

7. 受偏心压缩的砖、石或混凝土短柱，一般要求横截面上不出现_____。
   A. 压应力　　　B. 拉应力　　　C. 剪应力

8. 横向力 F 通过槽形截面梁弯曲中心 O 点的目的是_____。
   A. 切应力沿截面周边作用
   B. 上下翼缘的切应力增大
   C. 腹板切应力分布均匀
   D. 消除截面上分布切应力引起的扭转作用

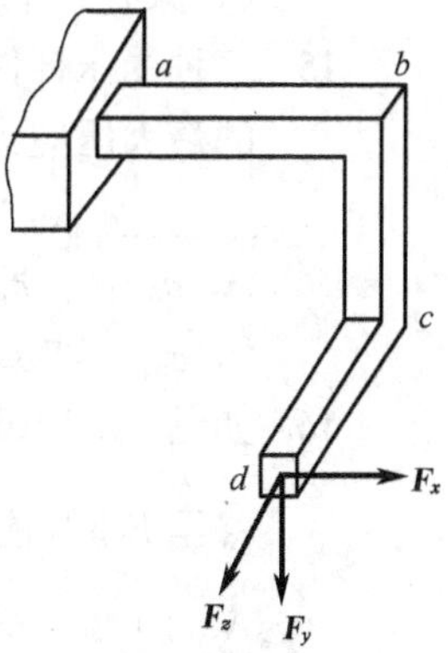

9. 如题 13.3.9 图所示刚架受力，ab 段的变形为_____。
   A. 轴向拉伸、斜弯曲和扭转
   B. 轴向拉伸、平面弯曲和扭转
   C. 轴向拉伸和平面弯曲
   D. 轴向拉伸和斜弯曲

题 13.3.9 图

10. 圆杆横截面积为 A，截面惯性矩为 W，同时受到轴力 N、扭矩 M_T 和弯矩 M 的共同作用，则按第四强度理论的相当应力为_____。
    A. $\dfrac{N}{A}+\dfrac{\sqrt{M^2+0.75M_T^2}}{W}$　　　　B. $\sqrt{\left(\dfrac{N}{A}\right)^2+\left(\dfrac{M}{W}\right)^2+3\left(\dfrac{M_T}{2W}\right)^2}$
    C. $\sqrt{\left(\dfrac{N}{A}+\dfrac{M}{W}\right)^2+0.75M_T^2}$　　　　D. $\sqrt{\left(\dfrac{N}{A}\right)^2+\left(\dfrac{M}{W}\right)^2+3\left(\dfrac{M_T}{W}\right)^2}$

11. 偏心压缩杆，截面的中性轴与外力作用点位于截面形心的两侧，则外力作用点到形心的距离 e 和中性轴到形心的距离 d 之间的关系为_____。
    A. $e = d$　　　　　　　　　B. $e > d$
    C. e 越小，d 越大　　　　D. e 越大，d 越大

12. 对于_____变形的杆件，认为横截面中性轴必定通过截面形心的看法是错误的。
    A. 平面弯曲　　　　　　　　B. 斜弯曲
    C. 偏心压缩　　　　　　　　D. 弯曲与扭转组合

13. 通过对某齿轮传动轴 $ABCD$（见题 13.3.13 图）的强度计算可知_____。
    A. 轴的 BD 段内各横截面上的扭矩都相同
    B. 轴 AD 段的变形状态为扭转与弯曲的组合
    C. 轴 AD 段的变形状态为扭转与斜弯曲的组合
    D. 轴上的危险点为二向应力状态

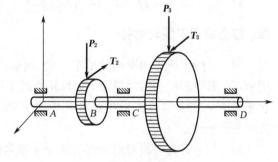

题 13.3.13 图

14. 在圆截面折杆 $abcdef$ 的端部受到一对集中力 P 的作用，如题 13.3.14 图所示，分析折杆中这时处于弯曲与扭转组合变形状态的杆段，其结果应当是_____。

A. 只有 ab 段和 ef 段
B. 只有 cd 段
C. 只有 bc 段、cd 段和 de 段
D. 没有

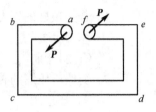

题 13.3.14 图

15. 三种受压杆件如题 13.3.15 图所示，杆 1、杆 2 与杆 3 中的最大压应力（绝对值）分别为 σ_{max1}、σ_{max2} 和 σ_{max3}，则有_____。

A. $\sigma_{max1} < \sigma_{max2} < \sigma_{max3}$
B. $\sigma_{max1} < \sigma_{max2} = \sigma_{max3}$
C. $\sigma_{max1} < \sigma_{max3} < \sigma_{max2}$
D. $\sigma_{max1} = \sigma_{max3} < \sigma_{max2}$

16. 如题 13.3.16 图所示正方形等截面立柱，受纵向压力 F 作用。当力 F 作用点由 A 移至 B 时，柱内最大压应力的比值 $\dfrac{\sigma_{A\max}}{\sigma_{B\max}}$ 为_____。

A. $1:2$ B. $2:5$ C. $4:7$ D. $5:2$

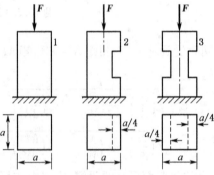

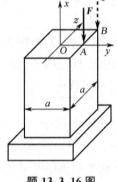

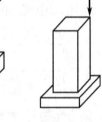

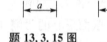

题 13.3.15 图　　题 13.3.16 图　　题 13.3.17 图

17. 如题 13.3.17 图所示矩形截面偏心受压杆，其变形有_____。

A. 轴向压缩和平面弯曲的组合
B. 轴向压缩、平面弯曲和扭转的组合
C. 压缩和斜弯曲的组合
D. 轴向压缩、斜弯曲和扭转的组合

参考答案：

1. D **2.** C **3.** B **4.** A **5.** C **6.** D **7.** B **8.** D **9.** A **10.** C
11. C **12.** C **13.** D **14.** D **15.** C **16.** C **17.** C

四、综合应用习题与解答

1. 一般生产车间所用的吊车大梁，两端由钢轨支撑，可以简化为简支梁，如题 13.4.1 图所示。图中 $L = 4\,\text{m}$。大梁由 32a 热轧普通工字钢制成，许用应力 $[\sigma] = 160\,\text{MPa}$。起吊的重物重量 $F = 80\,\text{kN}$，且作用在梁的中点，作用线与 y 轴之间的夹角 $\alpha = 5°$，试校核吊车大梁的强度是否安全。

解 （1）首先将斜弯曲分解为两个平面弯曲的叠加
（2）确定两个平面弯曲的最大弯矩

$$M_z = \frac{F_y L}{4}, \quad M_y = \frac{F_z L}{4}$$

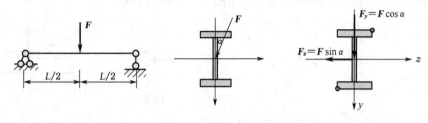

题 13.4.1 图

(3) 计算最大正应力并校核强度

查表：

$$W_y = 692.2 \text{ cm}^3, \quad W_z = 70.758 \text{ cm}^3$$

(4) 讨论

$$\sigma_{\max} = \frac{M_y}{W_y} + \frac{M_z}{W_z} = 217.8 \text{ MPa} > [\sigma]$$

$$\alpha = 0, \quad \sigma_{\max} = 115.6 \text{ MPa}$$

吊车起吊重物只能在吊车大梁垂直方向起吊,不允许在大梁的侧面斜方向起吊。

2. 如题 13.4.2 图所示矩形截面钢杆,用应变片测得杆件上、下表面的轴向正应变分别为 $\varepsilon_a = 1 \times 10^{-3}$、$\varepsilon_b = 0.4 \times 10^{-3}$,材料的弹性模量 $E = 210 \text{ GPa}$。(1) 试绘出横截面上的正应力分布图;(2) 求拉力 F 及偏心距 δ 的距离。

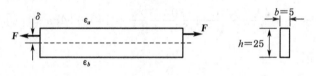

题 13.4.2 图

解 (1) $\sigma_a = E\varepsilon_a = 210 \text{ MPa}$

$\sigma_b = E\varepsilon_b = 84 \text{ MPa}$

(2) $\sigma_a = \dfrac{F_N}{A} + \dfrac{M}{W} = \dfrac{F}{bh} + \dfrac{6F\delta}{bh^2}$

$\sigma_b = \dfrac{F_N}{A} - \dfrac{M}{W} = \dfrac{F}{bh} - \dfrac{6F\delta}{bh^2}$

$F = \dfrac{bh}{2}(\sigma_a + \sigma_b) = 18.38 \text{ kN}$

$\delta = \dfrac{bh^2(\sigma_a - \sigma_b)}{12F} = 1.786 \text{ mm}$

3. 设题 13.4.3 图所示,简易吊车在当小车运行到距离梁端 D 还有 0.4 m 处时,吊车横梁处于最不利位置。已知小车和重物的总重量 $F = 20$ kN,钢材的许用应力 $[\sigma] = 160$ MPa,暂不考虑梁的自重。按强度条件选择横梁工字钢的型号。

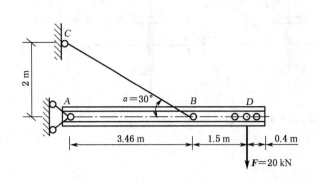
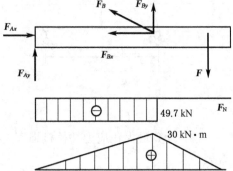

题 13.4.3 图

解 研究梁 AB

B 左截面压应力最大

$$\sigma_{max}^- = \frac{F_N}{A} + \frac{M_z}{W_z},$$

$$\frac{M_z}{W_z} \leqslant [\sigma], \ W_z \geqslant 187.5 \text{ cm}^3$$

查表并考虑轴力的影响:

20a $W_z = 237 \text{ cm}^3, \ A = 35.5 \text{ cm}^2$

$$\sigma_{max}^- = \frac{49.7 \times 10^3}{35.5 \times 10^2} + \frac{30 \times 10^6}{237 \times 10^3} = 140.6 \text{ MPa} < [\sigma]$$

选 20a 工字型钢。

4. 如题 13.4.4 图所示圆轴,已知,$F = 8$ kN,$M = 3$ kN·m,$[\sigma] = 100$ MPa,试用第三强度理论求轴的最小直径。

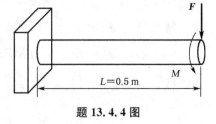

题 13.4.4 图

解 最大弯矩发生在固定端:

$$M_{max} = FL, \ T = M = 3 \text{ kN} \cdot \text{m}$$

由第三强度理论:

$$\sqrt{\sigma^2 + 4\tau^2} \leqslant [\sigma]$$

得:

$$\sqrt{\left(\frac{M_z}{W_z}\right)^2 + 4\left(\frac{T}{W_n}\right)^2} = \sqrt{\left(\frac{M_z}{W_z}\right)^2 + \left(\frac{T}{W_z}\right)^2} = \frac{\sqrt{M_z^2 + T^2}}{W_z} \leqslant [\sigma]$$

即：

$$W_z \geqslant \frac{\sqrt{M_z^2 + T^2}}{[\sigma]} = 5 \times 10^{-5} \text{ m}^3$$

$$d \geqslant \sqrt[3]{\frac{32W_z}{\pi}} = 79.9 \text{ mm}$$

5. 矩形截面木檩条，跨度 $L = 4$ m，荷载及截面尺寸如题 13.4.5 图所示，木材为杉木，弯曲容许应力 $[\sigma] = 12$ MPa，$E = 9 \times 10^3$ MPa，容许挠度为 $L/200$，试验算檩条的强度。

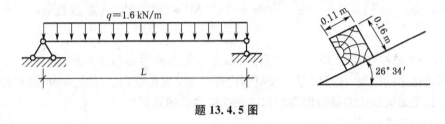

题 13.4.5 图

解 （1）首先进行强度的校核：先将 q 分解成为两个分量

$$q_x = q\sin 26°34' = 1\,600 \times \sin 26°34' = 716 \text{ N/m},$$
$$q_z = q\cos 26°34' = 1\,600 \times \cos 26°34' = 1\,430 \text{ N/m},$$

（2）二者对应最大弯矩分别为

$$M_{x\max} = \frac{q_x L^2}{8} = \frac{716 \times 16}{8} = 1\,432 \text{ N·m}, \quad M_{z\max} = \frac{q_z L^2}{8} = \frac{1\,430 \times 16}{8} = 2\,860 \text{ N·m},$$

代入强度条件公式得

$$\frac{M_{x\max}}{W_x} + \frac{M_{z\max}}{W_z} = 10.53 \text{ MPa} < [\sigma] = 12 \text{ MPa}$$

故强度条件满足。

6. 由木材制成的矩形截面悬臂梁，在梁的水平对称面内受到力 $P_1 = 1.6$ kN 的作用，在铅直对称面内受到力 $P_2 = 0.8$ kN 的作用（如题 13.4.6 图所示）。已知：$b = 90$ mm，$h = 180$ mm，$E = 1.0 \times 10^4$ MPa。试求梁的横截面上的最大正应力及其作用点的位置。如果截面为圆形，$d = 130$ mm，试求梁的横截面上的最大正应力。

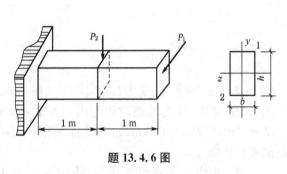

题 13.4.6 图

解 P_1、P_2 单独作用在梁上时，所引起的最大弯矩

$$M_y = 2 \times P_1 = 2 \times 1.6 = 3.2 \text{ kN·m}$$

$$M_z = 1 \times P_2 = 1 \times 0.8 = 0.8 \text{ kN} \cdot \text{m}$$

都在梁固定端,截面上 1、2 两点是危险点。

$$\sigma_{\max} = \frac{M_y}{W_y} + \frac{M_z}{W_z} = \frac{3.2 \times 10^6 \times 6}{180 \times 90^2} + \frac{0.8 \times 10^6 \times 6}{90 \times 180^2} = 14.82 \text{ MPa}$$

(1 点为拉应力,2 点为压应力)

如果截面为圆形:
$$W_y = W_z = \frac{\pi}{32} D^3$$

$$\sigma_{\max} = \frac{M}{W} = \frac{\sqrt{M_{y\max}^2 + M_{z\max}^2}}{W} = 15.3 \text{ MPa（发生在固定端截面上）}$$

7. 有一木质拉杆如题 13.4.7 图所示,截面原为边长为 a 的正方形,拉力 P 与杆轴重合。后因使用上的需要,在杆的某一段范围内开一 $a/2$ 宽的切口。试求 $m-m$ 截面上的最大拉应力。这个最大拉应力是截面削弱以前的拉应力值的几倍?

解 未削弱之前,拉应力为

$$\sigma = \frac{P}{A} = \frac{P}{a^2}$$

削弱之后竖向下力 P 产生的弯矩 $\quad M = P \cdot \dfrac{a}{4}$

由 P 引起的拉应力 $\quad \sigma' = \dfrac{2P}{a^2}$

由弯矩引起的最大拉应力

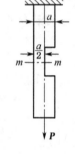

题 13.4.7 图

$$\sigma'' = \frac{M}{W_z} = \frac{P \cdot \dfrac{a}{4}}{\dfrac{1}{6} a \left(\dfrac{a}{2}\right)^2} = \frac{6P}{a^2}$$

所以

$$\sigma_{\max} = \sigma' + \sigma'' = \frac{8P}{a^2}$$

$$\frac{\sigma_{\max}}{\sigma} = 8 \text{(倍)}$$

8. 一伞形水塔,受力如题 13.4.8 图所示,其中 P 为满水时的重力,Q 为地震时引起的水平载荷,立柱的外径 $D = 2$ m,壁厚 $t = 0.5$ m,如材料的许用应力 $[\sigma] = 8$ MPa,试校核其强度。

解 水塔为压弯组合变形,由轴向压力 P 引起的压应力

$$\sigma_p = \frac{P}{A}$$

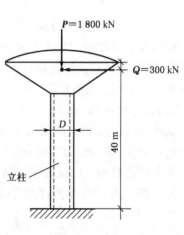

题 13.4.8 图

由 Q 引起的正应力

$$\sigma_{Qmax} = \frac{M_{max}}{W} \quad \text{(最大值在固定端)}$$

$$\sigma_{max} = \frac{P}{A} + \frac{M_{max}}{W}$$

$$= \frac{1\,800 \times 10^3}{\frac{\pi D^2}{4}\left[1-\left(\frac{d}{D}\right)^2\right]} + \frac{300 \times 10^3 \times 40}{\frac{\pi}{32}D^3\left[1-\left(\frac{d}{D}\right)^4\right]}$$

$$= 17.06 > [\sigma] = 8 \text{ MPa}$$

所以，不满足强度条件。

9. 起重机受力如题 13.4.9 图所示，$P_1 = 30$ kN，$P_2 = 220$ kN，$P_3 = 60$ kN，它们的作用线离立柱中心线的距离分别为 $l_1 = 10$ m，$l_2 = 1.2$ m 和 $l_3 = 1.6$ m，如立柱为实心钢柱，材料许用应力 $[\sigma] = 160$ MPa，试设计其底部 A-A 处的直径。

解 该杆为压弯组合变形，设底部 A-A 处直径 d，柱底部所受的压应力有两部分

$$\sigma_1 = \frac{P_1 + P_2 + P_3}{A} = \frac{(30+220+60) \times 10^3}{\frac{1}{4}\pi d^2}$$

$$= \frac{394.9 \times 10^3}{d^2}$$

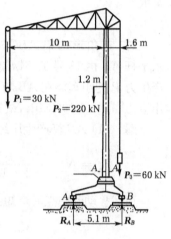

题 13.4.9 图

柱底部最大弯矩

$$M_{max} = P_1 l_1 + P_2 l_2 - P_3 l_3 = 468 \text{ kN} \cdot \text{m}$$

由此弯矩产生的最大压力

$$\sigma_2 = \frac{M_{max}}{W_z} = \frac{468 \times 10^3 \times 32}{\pi d^3} = \frac{4\,769.4}{d^3} \times 10^3$$

柱底部所受的压应力 $\quad \sigma_1 + \sigma_2 \leqslant [\sigma] = 160$ MPa

由于 $\sigma_2 \gg \sigma_1$，若只考虑弯矩的作用解得

$$d = 31 \text{ cm}$$

取 $\qquad d = 40 \text{ cm}$

代入 $\sigma = \sigma_1 + \sigma_2$ 验算，其值小于 $[\sigma]$。

10. 上题中，若立柱为空心钢管，内外径之比 $\alpha = d/D = 0.9$，试设计 A-A 处的直径。

解 此题为压弯组合变形，将立柱在 A-A 处截开，合压力

$$F = P_1 + P_2 + P_3 = 30 + 220 + 60 = 310 \text{ kN}$$

底部面积 $$A = \frac{\pi(D^2 - d^2)}{4} = 0.15D^2$$

弯矩 $$M_z = P_1 \times 10 + P_2 \times 1.2 - P_3 \times 1.6 = 30 \times 10 + 220 \times 1.2 - 60 \times 1.6 = 468 \text{ kN} \cdot \text{m}$$

$$W_z = \frac{\pi D^3}{32}(1 - \alpha^4) = \frac{\pi D^3}{32} \times (1 - 0.9^4) = \frac{0.3439\pi D^3}{32}$$

$$\sigma_c = \frac{F}{A} + \frac{M_z}{W_z} = \frac{F}{0.15 D^2} + \frac{32 M_z}{0.3439\pi D^3} \leqslant [\sigma]$$

解得 $$D \approx 43 \text{ cm}, \ d = 0.9D = 38 \text{ cm}$$

可取 $$D = 45 \text{ cm}, \ d = 40.5 \text{ cm}$$

11. 三角形构架 ABC，受力如题 13.4.11 图所示。水平杆 AB 由 18 号工字钢制成，试求 AB 杆的最大应力，产生力 P 的小车能在 AB 杆上移动。若工字钢材料的许用应力 $[\sigma] = 1000$ MPa，试选择 AB 杆的截面尺寸。

解 (1) AB 杆产生压缩与弯曲组合变形

$$F_N = N_{BC} = \frac{P \times 1.5}{2 \times 1.5 \sin 30°} = 150 \text{ kN}$$

荷载移动到中点时弯矩最大，其值为

$$M_{max} = N_{BC} \times \sin 30° \times 1.5 = 112.5 \text{ kN} \cdot \text{m}$$

$$|\sigma_{ymax}| = \frac{M_{max}}{W_z} + \frac{F_N}{A} = 657 \text{ MPa} \quad (\text{截面的上边缘为压应力})$$

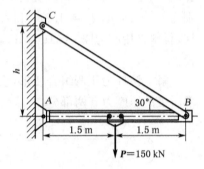

题 13.4.11 图

(2) $$\sigma_{ymax} = \frac{F_N}{A} + \frac{M_{max}}{W_z} \leqslant [\sigma], \ W_z \geqslant \frac{M_{max}}{[\sigma]} = 112.5 \text{ cm}^3$$

选 16 号普通工字钢，$W_z = 141 \text{ cm}^3$，$A = 26.1 \text{ cm}^2$
强度校核：$\sigma_{ymax} = 855$ MPa $< [\sigma]$
即选 16 号普通工字钢，$W_z = 141 \text{ cm}^3$，$A = 26.1 \text{ cm}^2$

12. 如题 13.4.12 图所示钻床，受力 $P = 15$ kN，铸铁立柱的许用应力 $[\sigma] = 35$ MPa，试计算立柱所需的直径 d。

解 立柱为拉弯组合变形，只考虑弯矩的作用，解得

$$\sigma_{tmax} = \frac{M}{W_z} \leqslant [\sigma]$$

$$W_z \geqslant \frac{M}{[\sigma]} = \frac{P \cdot e}{[\sigma]} = 0.17 \times 10^{-3} \text{m}^3 \ \text{或} \ \frac{\pi}{32}d^3 = 0.17 \times 10^{-3} \text{m}^3$$

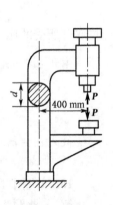

题 13.4.12 图

解得 $d \geqslant 12$ cm

取 $d = 14$ cm

代入验算：$\sigma_{tmax} = \dfrac{P}{A} + \dfrac{M_{max}}{W_z} = 28.95$ MPa < 35 MPa

13. 砖砌烟囱如题 13.4.13 图所示，高 $H = 30$ m，自重 $Q = 2\,000$ kN，受水平风力 $q = 2$ kN/m 作用。如烟囱底部截面的外径 $D = 3$ m 时，内径 $d = 2$ m，求烟囱底部截面上的最大压应力。

解 由自重引起的压应力大小为：

$$\sigma = \dfrac{Q}{A} = 0.509 \text{ MPa}$$

烟囱底部截面上的弯矩大小为

$$M_{max} = \dfrac{1}{2}qH^2 = 9.0 \times 10^5 \text{ N} \cdot \text{m}$$

$$\sigma_{max} = \dfrac{Q}{A} + \dfrac{M_{max}}{W} = 0.92 \text{ MPa}$$

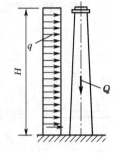

题 13.4.13 图

14. 如题 13.4.14 图所示某厂房柱子，受到吊车竖直轮压力 $P = 220$ kN，屋架传给柱顶的水平力 $Q = 8$ kN，以及风载荷 $q = 1$ kN/m 的作用，P 力的作用线离底部柱的中心线的距离 $e = 0.4$ m，柱子底部截面尺寸为 1 m $\times 0.3$ m，试计算柱底部的危险点的应力。

解 分析知，危险截面在底部，危险点在右侧边缘。力的作用分为三部分，P 的作用

$$\sigma_{1y} = -\left(\dfrac{P \cdot e}{W} + \dfrac{P}{A}\right) \quad \text{（右侧边缘受压）}$$

Q 作用下：

$$\sigma_{2t} = \dfrac{Q \cdot l}{W} \quad \text{（右侧边缘受拉）}$$

在均布荷载的作用下：

$$\sigma_{3y} = -\dfrac{q \times l \times l/2}{W} \quad \text{（右侧边缘受压）}$$

危险点的应力为：

$$\sigma_{max} = \sigma_{1y} + \sigma_{2t} + \sigma_{3y}$$

（具体计算请同学们自己完成）

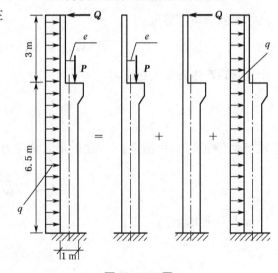

题 13.4.14 图

15. 如题 13.4.15 图所示的电动机，功率 $P = 8.8$ kW，轴以转速 $n = 800$ r/min 旋转，胶带传动轮的直径 $D = 250$ mm，胶带轮重力 $G = 700$ N。轴可看成长度 $L = 120$ mm 的悬臂

梁,其许用应力$[\sigma] = 100 \text{ MPa}$。试按最大切应力理论求直径$d$。

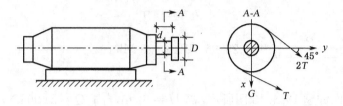

题 **13.4.15** 图

解 转子在水轮机部分产生的外力偶矩

$$M_n = 9\,549 \times \frac{P}{n} = 0.105 \times 10^3 \text{ N} \cdot \text{m}$$

由 $$(2T - T) \times \frac{D}{2} = M_n$$

可解得:$T = 840 \text{ N}$

轴所受荷载分解x、y两个方向,其值为

$$p_x = G + 3T \times \sin 45° = 2\,481.64 \text{ N}$$
$$p_y = 3T\cos 45° = 1\,781.64 \text{ N}$$

二者合力

$$p = \sqrt{p_x^2 + p_y^2} = 3.05 \text{ kN}$$

危险截面处的最大弯矩

$$M_{\max} = pL = 0.366 \text{ kN} \cdot \text{m}$$

由此弯矩产生的最大正压力

$$\sigma_{\max} = \frac{M_{\max}}{W_z}$$

轴产生弯扭变形,由扭矩M产生的最大切应力

$$\tau_{\max} = \frac{M}{W_n} = \frac{M_n}{W_n}$$

用最大切应力理论:

$$\sigma_{r3} = \sqrt{\sigma_{\max}^2 + 4\tau_{\max}^2}$$

代入后得

$$\frac{\sqrt{M^2 + M_n^2}}{W_z} \leqslant [\sigma]$$

$$W_z = \frac{\pi d^3}{32} \geqslant \frac{\sqrt{M^2 + M_n^2}}{[\sigma]}$$

可解得 $d = 157$ mm。

16. 如题 13.4.16 图所示电动机,带动一胶带轮轴,轴直径 $d = 40$ mm,胶带轮直径 $D = 300$ mm,轮重 $G = 600$ N。若电动机功率 $P = 14$ kW,转速 $n = 980$ r/min,胶带紧边与松边拉力之比 $T/t = 2$,轴的 $[\sigma] = 120$ MPa。试按最大切应力理论校核轴的强度。

解 电动机所产生的扭矩为

$$M_n = 9\,549 \times \frac{P}{n} = 136.4 \text{ N} \cdot \text{m}$$
$$= (T-t)D/2$$

令拉紧边拉力 T,则松边拉力 $t = T/2$,于是可解得

$$T = 1\,819 \text{ N}, \quad t = 909 \text{ N}$$

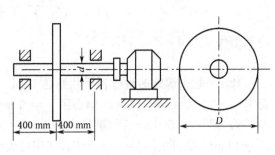

题 13.4.16 图

危险截面处最大弯矩

$$M_{\max} = \frac{1}{4}PL = \frac{1}{4}(1\,819 + 909 + 600) \times 0.8 = 665.6 \text{ N} \cdot \text{m}$$

$$\sigma_{\max} = \frac{M_{\max}}{W_z} = 105.98 \text{ MPa}$$

最大扭转切应力

$$\tau_{\max} = \frac{M_n}{W_n} = 52.99 \text{ MPa},$$

代入第三强度理论公式得

$$\sqrt{\sigma^2 + 4\tau^2} = 149.88 \text{ MPa} > [\sigma] = 120 \text{ MPa}$$

不符合要求。

17. 卷扬机轴为圆形截面,直径 $d = 30$ mm,其他尺寸如题 13.4.17 图所示。许用应力 $[\sigma] = 80$ MPa,试求最大许可起重载荷 P。

解 支反力 $R_A = R_B = P/2$

设 C 点在轴与轮交点处,外力矩

$$M_C = P \times D/2$$

轴跨中为危险截面:

$$M_{\max} = \frac{1}{4}Pl = 0.2P$$
$$M_n = M_C = P \times D/2 = 0.09P$$
$$\sigma_{\max} = \frac{M_{\max}}{W_z}$$

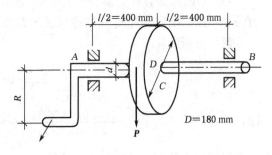

题 13.4.17 图

轴产生弯扭变形，由扭矩 M 产生的最大切应力

$$\tau_{\max} = \frac{M_n}{W_n}, \quad W_n = 2W_z$$

根据第三强度理论可得

$$\sqrt{\sigma^2 + 4\tau^2} \leqslant 80 \text{ MPa}$$

将数值代入可得，$P \leqslant 945.5 \text{ N}$。

18. 一起重螺旋的载荷和尺寸如题 13.4.18 图所示。已知起重载荷 $W' = 40 \times 10^3$ N，载荷的偏心距 $e = 5$ mm。若起重时推力 $P = 320$ N，力臂 $l = 500$ mm，起重最大高度 $h = 300$ mm，螺纹根部直径 $d = 40$ mm，螺杆的 $[\sigma] = 100$ MPa，试用最大切应力理论校核螺杆强度。提示：校核时不计螺纹影响，螺杆可近似看作 $d = 40$ mm 的等截面圆杆。

解 螺杆弯、压、扭组合变形，危险截面处的弯矩

$$M_{\max} = W' \cdot e = 200 \text{ N} \cdot \text{m}$$

$$\sigma = \frac{M_{\max}}{W} + \frac{W'}{A} = 31.79 + 31.85 = 63.64 \text{ MPa（压力）}$$

危险截面处的扭矩

$$M_n = Pl = 160 \text{ N} \cdot \text{m}$$

$$\tau_{\max} = \frac{M_n}{W_n} = 12.73 \text{ MPa}$$

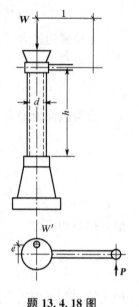

题 13.4.18 图

用最大扭转切应力理论进行校核：

$$\sqrt{\sigma^2 + 4\tau^2} = 68.54 \text{ MPa} < [\sigma] = 100 \text{ MPa}$$

满足要求。

19. 一圆截面直杆受偏心拉力作用，其偏心距 $e = 20$ mm，杆的直径为 70 mm，容许拉应力 $[\sigma] = 120$ MPa，试求此杆容许承受的偏心拉力。

解 分析有

$$\frac{P \cdot e}{W} + \frac{P}{A} \leqslant [\sigma]$$

即：

$$\frac{P \times 0.02 \times 32}{\pi \times (0.07)^3} + \frac{P \times 4}{\pi (0.07)^2} \leqslant 120 \times 10^6$$

计算可得偏心拉力为：$P = 140.5$ kN。

第十四章 压杆的稳定

一、判断题

1. 压杆失稳的主要原因是由于外界干扰力的影响。（ ）
2. 不同柔度下计算临界应力的公式都是相同的。（ ）
3. 满足拉压强度条件下的压杆，不一定满足稳定性条件。（ ）
4. 满足稳定性条件下的压杆，一定满足拉压强度条件。（ ）
5. 由于失稳或由于强度不足而使构件不能正常工作，两者之间的本质区别在于：前者构件的平衡是不稳定的，而后者构件的平衡是稳定的。（ ）
6. 压杆失稳的主要原因是临界压力或临界应力，而不是外界干扰力。（ ）
7. 压杆的临界压力（或临界应力）与作用载荷大小有关。（ ）
8. 两根材料、长度、截面面积和约束条件都相同的压杆，其临界压力也一定相同。（ ）
9. 压杆的临界应力值与材料的弹性模量成正比。（ ）
10. 临界力 F_{lj} 只与压杆的长度及两端的支撑情况有关。（ ）
11. 对于细长压杆，临界应力 σ_{lj} 的值不应大于比例极限 σ_p。（ ）
12. 压杆的柔度与压杆的长度，横截面的形状和尺寸以及两端的支撑情况有关。（ ）
13. 压杆的杆端约束作用越强，那么长度系数越小，临界压力越大。（ ）
14. 压杆的临界应力应该由欧拉公式计算。（ ）
15. 欧拉公式的适用条件是 $\lambda \geqslant \sqrt{\dfrac{\pi^2 E}{\sigma_p}}$。（ ）
16. 细长压杆，若长度系数 μ 增大一倍，则临界力 F_{lj} 增加一倍。（ ）
17. 两端铰支细长压杆，若在其中加一铰支座如题 14.1.17 图所示，则欧拉临界力是原来的 4 倍。（ ）
18. 如果细长压杆有局部削弱，削弱部分对压杆的稳定性没有影响。（ ）
19. 在材料、长度、横截面形状和尺寸保持不变的情况下，杆端约束越强，则压杆的临界力越小。（ ）
20. 压杆的临界荷载是压杆保持不稳定平衡所承受的最大轴向压力。（ ）

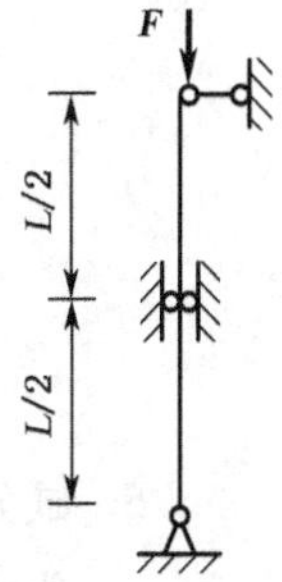

题 14.1.17 图

参考答案：

1. 对 2. 错 3. 对 4. 错 5. 对 6. 对 7. 错 8. 错 9. 错 10. 错
11. 对 12. 错 13. 对 14. 错 15. 对 16. 错 17. 错 18. 错 19. 错 20. 对

二、填空题

1. 按题 14.2.1 图所示为临界应力总图，$\lambda \geqslant \lambda_p$ 的压杆称_____，其临界应力的公式为：_____；$\lambda_s \leqslant \lambda \leqslant \lambda_p$ 的压杆称_____，其临界应力的公式为：_____；$\lambda \leqslant \lambda_s$ 的压杆称_____，其临界应力的公式为：_____。

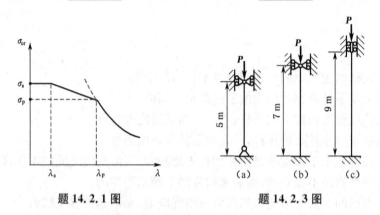

题 14.2.1 图　　　　　题 14.2.3 图

2. 影响圆截面压杆的柔度系数（长细比）λ 的因素有_____。

3. 如题 14.2.3 图所示压杆，压杆_____最容易失稳。压杆_____的临界压力值最小。

4. 如题 14.2.4 图所示各杆材料和截面均相同，试问杆能承受的压力_____最大，_____最小（图(f)所示杆在中间支承处不能转动）。

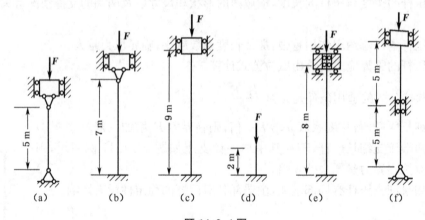

题 14.2.4 图

5. 试分析当分别取题 14.2.5 图(a)、(b)、(c)、(d)所示坐标系及挠曲线形状时，压杆在 F_{cr} 作用下的挠曲线微分方程以及临界压力 F_{lj} 为：

   (a) _____；
   (b) _____；
   (c) _____；
   (d) _____。

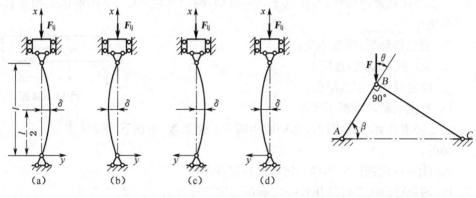

题 14.2.5 图   题 14.2.6 图

6. 题 14.2.6 图示铰接杆系 ABC 由两根具有相同截面和同样材料的细长杆所组成。若由于杆件在平面 ABC 内失稳而引起毁坏,确定 $\theta =$ _____ 时,载荷 F 最大(假设 $0 < \theta < \frac{\pi}{2}$)。

参考答案:

1. 细长杆(大柔度杆),$\sigma_{cr} = \frac{\pi^2 E}{(\mu l)^2} \cdot \frac{I}{A}$;中长杆(中柔度杆),$\sigma_{cr} = a - bx$;短杆(小柔度杆),$\sigma_{cr} = \sigma_\mu$

2. 长度系数 μ、杆长、惯性半径 i

3. (c);(a) **4.** (f);(e)

5. (a) $EIw'' = -M(x)$,$P_{cr} = \frac{\pi^2 EI}{l^2}$; (b) $EIw'' = -M(x)$,$P_{cr} = \frac{\pi^2 EI}{l^2}$;

(c) $EIw'' = M(x)$,$P_{cr} = \frac{\pi^2 EI}{l^2}$; (d) $EIw'' = M(x)$,$P_{cr} = \frac{\pi^2 EI}{l^2}$

6. $\theta = \arctan(\cot^2 \beta)$

三、选择题

1. 如题 14.3.1 图所示,在杆件长度、材料、约束条件和横截面面积等条件均相同的情况下,压杆采用图_____所示的截面形状,其稳定性最好;而采用图_____所示的截面形状,其稳定性最差。

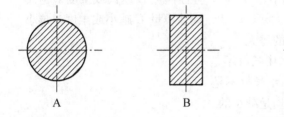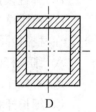

题 14.3.1 图

2. 一方形横截面的压杆,若在其上钻一横向小孔(如题 14.3.2 图所示),则该杆与原来相比_____。
   A. 稳定性降低,强度不变
   B. 稳定性不变,强度降低
   C. 稳定性和强度都降低
   D. 稳定性和强度都不变

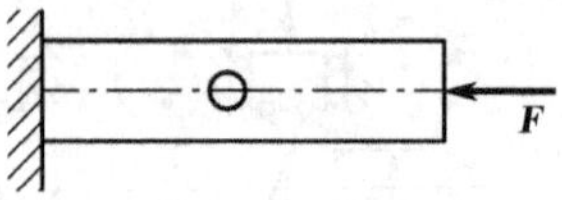

   题 14.3.2 图

3. 若在强度计算和稳定性计算中取相同的安全系数,则在下列说法中,_____是正确的。
   A. 满足强度条件的压杆一定满足稳定性条件
   B. 满足稳定性条件的压杆一定满足强度条件
   C. 满足稳定性条件的压杆不一定满足强度条件
   D. 不满足稳定性条件的压杆不一定满足强度条件

4. 一理想均匀直杆,当轴向压力 $P = P_Q$ 时处于直线平衡状态。与其受到一微小横向干扰力后发生微小弯曲变形,若此时解除干扰力,则压杆_____。
   A. 弯曲变形消失,恢复直线形状   B. 弯曲变形减少,不能恢复直线形状
   C. 微弯变形状态不变   D. 弯曲变形继续增大

5. 一细长压杆当轴向力 $P = P_Q$ 时,发生失稳而处于微弯平衡状态,此时若解除压力 P,则压杆的微弯变形_____。
   A. 完全消失   B. 有所缓和   C. 保持不变   D. 继续增大

6. 两根细长压杆 a、b 的长度,横截面面积,约束状态及材料均相同,若 a、b 杆的横截面形状分别为正方形和圆形,则二压杆的临界压力 P_{lj}^a 和 P_{lj}^b 的关系为_____。
   A. $P_{lj}^a < P_{lj}^b$ B. $P_{lj}^a = P_{lj}^b$ C. $P_{lj}^a > P_{lj}^b$ D. 不可确定

7. 细长杆承受轴向压力 P 的作用,其临界压力与_____无关。
   A. 杆的材质   B. 杆的长度
   C. 杆承受压力的大小   D. 杆的横截面形状和尺寸

8. 压杆的柔度集中地反映了压杆的_____对临界应力的影响。
   A. 长度,约束条件,截面尺寸和形状   B. 材料,长度和约束条件
   C. 材料,约束条件,截面尺寸和形状   D. 材料,长度和约束条件

9. 压杆属于细长杆,中长杆还是短粗杆,是根据压杆的_____来判断的。
   A. 长度   B. 横截面尺寸   C. 临界应力   D. 柔度

10. 细长压杆的_____,则其临界应力 σ 越大。
    A. 弹性模量 E 越大或柔度 λ 越小   B. 弹性模量 E 越大或柔度 λ 越大
    C. 弹性模量 E 越小或柔度 λ 越大   D. 弹性模量 E 越小或柔度 λ 越小

11. 在材料相同的条件下,随着柔度的增大_____。
    A. 细长杆的临界应力是减小的,中长杆不是
    B. 中长杆的临界应力是减小的,细长杆不是
    C. 细长杆和中长杆的临界应力均是减小的
    D. 细长杆和中长杆的临界应力均不是减小的

12. 两根材料和柔度都相同的压杆_____。

A. 临界应力一定相等,临界压力不一定相等
B. 临界应力不一定相等,临界压力一定相等
C. 临界应力和临界压力一定相等
D. 临界应力和临界压力不一定相等

13. 在下列有关压杆临界应力 σ_{lj} 的结论中,_____是正确的。
    A. 细长杆的 σ_{lj} 值与杆的材料无关
    B. 中长杆的 σ_{lj} 值与杆的柔度无关
    C. 中长杆的 σ_{lj} 值与杆的材料无关
    D. 粗短杆的 σ_{lj} 值与杆的柔度无关

14. 在压杆的材料、长度、横截面形状和尺寸保持不变的情况下,杆端约束越强,则压杆的临界力_____。
    A. 越大
    B. 保持不变
    C. 越小
    D. 以上三种可能都有

15. 如题 14.3.15 图所示,细长压杆两端球形铰支,若截面面积相等时,采用_____种截面最稳定。

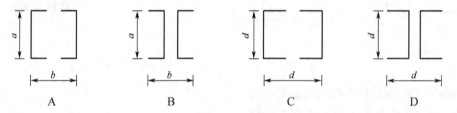

题 14.3.15 图

参考答案:

1. DB 2. B 3. B 4. A 5. A 6. C 7. C 8. A 9. D 10. A
11. C 12. B 13. D 14. D 15. C

四、综合应用习题与解答

1. 两端铰支压杆如题 14.4.1 图所示,杆的直径 $d = 20$ mm,长度 $l = 800$ mm,材料为 Q235 钢,$E = 200$ GPa。求压杆的临界载荷。

题 14.4.1 图

解 根据欧拉公式

$$F_{lj} = \frac{\pi^2 EI}{(\mu l)^2} = \frac{\pi^3 Ed^4}{64 \cdot (\mu l)^2} = \frac{\pi^3 \times 200 \times 10^9 \times 20^4 \times 10^{-12}}{64 \times (1 \times 0.8)^2} = 24.2 \text{ kN}$$

此时横截面上的正应力

$$\sigma = \frac{F_{lj}}{A} = \frac{4 \times 24.2 \times 10^3}{\pi \times 20^2 \times 10^{-6}} = 77 \text{ MPa} < \sigma_p$$

表明压杆处于线弹性范围,所以用欧拉公式计算无误。

2. 如题 14.4.2 图所示压杆,其直径均为 d,材料都是 Q235,但二者的长度和约束都不同。(1) 分析哪一根杆的临界载荷较大;(2) 若 $d=160\,\text{mm}$, $E=205\,\text{GPa}$,计算二杆的临界载荷。

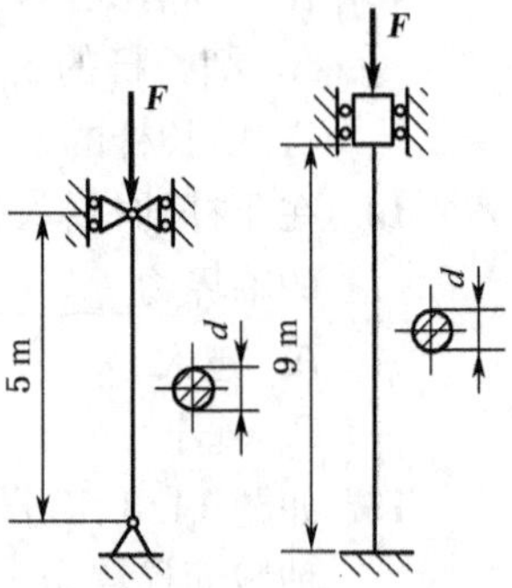

解 (1) 计算柔度,判断临界应力大者
圆截面
$$i = \frac{d}{4}$$

两端铰支约束的压杆
$$\mu_1 = 1 \quad \lambda_1 = \frac{\mu_1 l_1}{i} = \frac{20}{d}$$

两端固支约束的压杆
$$\mu_2 = 0.5, \quad \lambda_2 = \frac{\mu_2 l_2}{i} = \frac{18}{d}$$

$$\lambda_1 > \lambda_2, \quad \sigma_{lj} = \frac{\pi^2 E}{\lambda^2}, \quad \sigma_{lj1} < \sigma_{lj2}$$

题 14.4.2 图

所以两端固支的压杆具有较大的临界压力。
(2) 计算给定参数下压杆的临界载荷
两端铰支约束的压杆
$$\lambda_1 = \frac{20}{d} = \frac{20}{160 \times 10^{-3}} = 125 > \lambda_p = 101$$

属于大柔度杆,欧拉公式计算临界载荷
$$F_{lj1} = \sigma_{lj1} A = \frac{\pi^2 E}{\lambda_1^2} A = \frac{\pi^2 \times 205 \times 10^9}{125^2} \times \frac{\pi \times 160^2 \times 10^{-6}}{4} = 2\,600\,\text{kN}$$

两端固支约束的压杆
$$\lambda_2 = \frac{18}{d} = \frac{18}{160 \times 10^{-3}} = 112.5 > \lambda_p$$

属于大柔度杆,欧拉公式计算临界载荷
$$F_{lj2} = \sigma_{lj2} A = \frac{\pi^2 E}{\lambda_2^2} A = \frac{\pi^2 \times 205 \times 10^9}{112.5^2} \times \frac{\pi \times 160^2 \times 10^{-6}}{4} = 3\,210\,\text{kN}$$

3. 有一长 $l=300\,\text{mm}$,截面宽 $b=6\,\text{mm}$、高 $h=10\,\text{mm}$ 的压杆。两端铰接,压杆材料为 Q235 钢,$E=200\,\text{GPa}$,试计算压杆的临界应力和临界力。

解 (1) 求惯性半径 i
对于矩形截面,如果失稳必在刚度较小的平面内产生,故应求最小惯性半径
$$i_{\min} = \sqrt{\frac{I_{\min}}{A}} = \sqrt{\frac{hb^3}{12} \times \frac{1}{bh}} = \frac{b}{\sqrt{12}} = \frac{6}{\sqrt{12}} = 1.732\,\text{mm}$$

(2) 求柔度 λ

$$\lambda = \frac{\mu l}{i}, \mu = 1$$

故

$$\lambda = \frac{1 \times 300}{1.732} = 173.2 > \lambda_p = 100$$

(3) 用欧拉公式计算临界应力

$$\sigma_{lj} = \frac{\pi^2 E}{\lambda^2} = \frac{\pi^2 20 \times 10^4}{173.2^2} = 65.8 \text{ MPa}$$

(4) 计算临界力

$$F_{lj} = \sigma_{lj} \times A = 65.8 \times 6 \times 10 = 3\,948 \text{ N} = 3.95 \text{ kN}$$

4. 无缝钢管厂的穿孔顶杆如题 14.4.4 图所示,杆端承受压力。杆长 $l = 4.5$ m,横截面直径 $d = 15$ cm,材料为低合金钢,$E = 210$ GPa。两端可简化为铰支座,规定的稳定安全系数为 $n_w = 3.3$。试求顶杆的许可载荷。

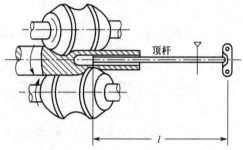

题 14.4.4 图

解 $\lambda = \frac{\mu l}{i} = \frac{4.5}{\frac{15}{4} \times 10^{-2}} = 120$

$P_{lj} = \sigma_{lj} A = \frac{\pi^2 E}{\lambda^2} \cdot \frac{\pi}{4} d^2 = 2\,543$ kN

$P_{\max} = \frac{P_{lj}}{n_w} = 770$ kN

5. 某厂自制的简易起重机如题 14.4.5 图所示,其压杆 BD 为 20 号槽钢,材料为 A3 钢。起重机的最大起重量是 $P = 40$ kN。若规定的稳定安全系数为 $n_w = 5$,试校核 BD 杆的稳定性。

解 $\lambda = \frac{\mu l}{i_{\min}} = \frac{1 \times \sqrt{3}}{2.09 \times 10^{-2}} = 82.9 < \lambda_p$

$\lambda_2 = \frac{a - \sigma_3}{b} = \frac{304 - 235}{1.12} = 61.6$

$P_{lj} = \sigma_{lj} A$

$= (304 - 1.12 \times 82.9) \times 32.837 \times 10^2$

$= 693$ kN

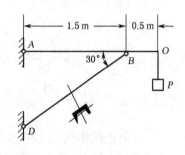

题 14.4.5 图

由 $\sum m_A = 0$,BD 杆的压力

$$N = \frac{8P}{3}$$

$$n = \frac{P_{lj}}{P_{max}} = \frac{693}{\frac{8}{3} \times 40} = 6.5 > n_w$$

所以 BD 杆稳定。

6. 如题 14.4.6 图所示结构 ABCD，由三根直径均为 d 的圆截面钢杆组成，在 B 点铰支，而在 A 点和 C 点固定，D 为铰接点，$\frac{l}{d} = 10\pi$。若结构由于杆件在平面 ABCD 内弹性失稳而丧失承载能力，试确定作用于结点 D 处的荷载 F 的临界值。

解 杆 DB 为两端铰支 $\mu = 1$，杆 DA 及 DC 为一端铰支一端固定，选取 $\mu = 0.7$。此结构为超静定结构，当杆 DB 失稳时结构仍能继续承载，直到杆 AD 及 DC 也失稳时整个结构才丧失承载能力，故

$$F_{lj} = F_{lj(1)} + 2F_{lj(2)} \cos 30°$$

$$F_{lj(1)} = \frac{\pi^2 EI}{l^2}$$

$$F_{lj(2)} = \frac{\pi^2 EI}{\left(0.7 \times \frac{l}{\cos 30°}\right)^2} = \frac{1.53 EI \pi^2}{l^2}$$

$$F_{lj} = \frac{\pi^2 EI}{l^2} + \frac{2 \times 1.53 EI \pi^2}{l^2} \times \frac{\sqrt{3}}{2} = \frac{3.65 \pi^2 EI}{l^2}$$

$$= 5.7 E \pi d^2 \times 10^{-4} \text{（或 } 36.024 \frac{EI}{l^2}\text{）}$$

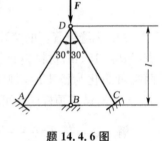

题 14.4.6 图

7. Q235 钢制成的矩形截面杆的受力及两端约束状况如题 14.4.7 图所示，其中(a) 为正视图，(b) 为俯视图。在二处用螺栓夹紧。已知 $l = 2.3\,\text{m}$，$b = 40\,\text{mm}$，$h = 60\,\text{mm}$，材料的弹性模量 $E = 205\,\text{GPa}$，求此杆的临界载荷。

解 在正视图平面（xy 平面）内失稳，A、B 处可自由转动，即两端为铰链约束

$$\mu = 1$$

$$i_z = \sqrt{\frac{I_z}{A}} = \sqrt{\frac{bh^3/12}{bh}} = \frac{h}{2\sqrt{3}}$$

$$\therefore \lambda_z = \frac{\mu l}{i_z} = \frac{1 \times 2.3 \times 2\sqrt{3}}{60 \times 10^{-3}} = 132.8$$

在俯视图平面（xz 平面）内失稳，A、B 处不可自由转动，即两端为固定约束

$$\mu = 0.5$$

$$i_z = \sqrt{\frac{I_z}{A}} = \sqrt{\frac{hb^3/12}{bh}} = \frac{b}{2\sqrt{3}}$$

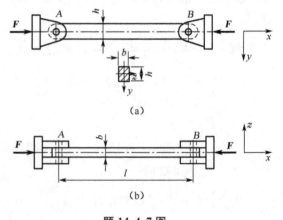

题 14.4.7 图

$$\therefore \lambda_y = \frac{\mu l}{i_y} = \frac{0.5 \times 2.3 \times 2\sqrt{3}}{40 \times 10^{-3}} = 99.6$$

$$\lambda_z > \lambda_y$$

压杆在正视图平面内失稳

$$\lambda_z = 132.8 > \lambda_p$$

属于大柔度杆，用欧拉公式计算临界载荷

$$F_{lj} = \sigma_{lj}A = \frac{\pi^2 E}{\lambda_z^2}bh = \frac{\pi^2 \times 205 \times 10^9}{132.8^2} \times 40 \times 60 \times 10^{-6} = 275 \text{ kN}$$

8. 由 Q235 钢制成的压杆，两端铰支，其屈服强度 $\sigma_s = 235$ MPa，比例极限 $\sigma_p = 200$ MPa，弹性模量 $E = 200$ GPa，杆长 $l = 700$ mm，截面直径 $d = 45$ mm，杆承受 $F_{max} = 100$ kN。稳定安全因数 $n_w = 2.5$。试校核此杆的稳定性。

解 （1）计算压杆柔度

$$i = \frac{d}{4} = 11.25 \text{ mm}$$

两端为铰链约束 $\mu = 1$

$$\therefore \lambda = \frac{\mu l}{i} = \frac{1 \times 0.7}{11.25 \times 10^{-3}} = 62.2$$

$$\lambda_p = \sqrt{\frac{\pi^2 E}{\sigma_p}} = \sqrt{\frac{\pi^2 \times 200 \times 10^9}{200 \times 10^6}} = 100$$

$$\lambda = 62.2$$

$$\lambda_p = 100$$

$$\lambda_s = \frac{a - \sigma_s}{b} = \frac{304 - 235}{1.12} = 61.6$$

压杆属于中柔度杆，临界应力采用直线经验公式计算

（2）计算临界载荷

$$\sigma_{lj} = a - b\lambda = 304 - 1.12 \times 62.2 = 234.34 \text{ MPa}$$

$$F_{lj} = \sigma_{lj}A = \sigma_{lj}\frac{\pi d^2}{4} = 234.34 \times 10^6 \times \frac{\pi \times 45^2 \times 10^{-6}}{4} = 372.7 \text{ kN}$$

（3）校核压杆稳定性

$$n = \frac{F_{lj}}{F_{max}} = \frac{372.7}{100} = 3.7 > n_w$$

所以压杆的稳定性是安全的。

9. 如题 14.4.9 图所示，钢柱长为 $l = 7$ m，两端固定，材料是 Q235 钢，规定稳定安全因数 $n_w = 3$，横截面由两个 10 号槽钢组成。已知 $E = 200$ GPa，试求当两槽钢靠紧和离开时钢

柱的许可载荷。

解 (1) 两槽钢靠紧

查型钢表得

$$A = 2 \times 12.74 = 25.48 \text{ cm}^2$$

$$I_{\min} = I_y = 2 \times (25.6 + 1.52^2 \times 12.74) = 110.1 \text{ cm}^4$$

$$i_{\min} = i_y = \sqrt{\frac{I_y}{A}} = \sqrt{\frac{110.1}{25.48}} = 2.08 \text{ cm}$$

两端固定

$$\mu = 0.5$$

$$\therefore \lambda = \frac{\mu l}{i_y} = \frac{0.5 \times 7}{2.08 \times 10^{-2}} = 168$$

$$\lambda = 168 > \lambda_p$$

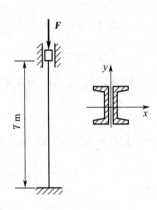

题 14.4.9 图

钢柱属于大柔度杆,用欧拉公式计算临界载荷

$$F_{lj} = \sigma_{lj} A = \frac{\pi^2 E}{\lambda^2} A = \frac{\pi^2 \times 200 \times 10^9 \times 25.48 \times 10^{-4}}{168^2} = 178.2 \text{ kN}$$

$$F_1 \leq \frac{F_{lj}}{n_w} = \frac{178.2}{3} = 59.4 \text{ kN}$$

(2) 两槽钢离开

查型钢表

$$A = 2 \times 12.74 = 25.48 \text{ cm}^2$$

$$I_x = 2 \times 198.3 = 396.6 \text{ cm}^4$$

$$i_x = \sqrt{\frac{I_x}{A}} = \sqrt{\frac{396.6}{25.48}} = 3.95 \text{ cm}$$

$$I_y = 2 \times (25.6 + 3.0^2 \times 12.74) = 280.5 \text{ cm}^4$$

$$i_y = \sqrt{\frac{I_y}{A}} = \sqrt{\frac{280.5}{25.48}} = 3.32 \text{ cm}$$

$$\therefore I_{\min} = I_y = 280.5 \text{ cm}^4 \quad i_{\min} = i_y = 3.32 \text{ cm}$$

两端固定

$$\mu = 0.5$$

$$\therefore \lambda = \frac{\mu l}{i_y} = \frac{0.5 \times 7}{3.32 \times 10^{-2}} = 105.4$$

钢柱属于大柔度杆,用欧拉公式计算临界载荷

$$F_{lj} = \sigma_{lj} A = \frac{\pi^2 E}{\lambda^2} A = \frac{\pi^2 \times 200 \times 10^9 \times 25.48 \times 10^{-4}}{105.4^2} = 452.7 \text{ kN}$$

钢柱的许可载荷

$$F_2 \leqslant \frac{F_{lj}}{n_w} = \frac{452.7}{3} = 150.9 \text{ kN}$$

10. 题 14.4.10 图所示结构中,梁 AB 为 No. 14 普通热轧工字钢,支承的杆直径 $d = 20$ mm,二者的材料均为 Q235 钢。结构受力如图所示,A、B、C 三处均为球铰约束。已知 $F = 25$ kN,$l_1 = 1.25$ m,$l_2 = 0.55$ m,$E = 206$ GPa。规定稳定安全因数 $n_w = 2.0$,梁的许用应力$[\sigma] = 170$ MPa。试校核此结构是否安全。

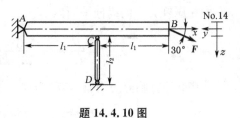

题 14.4.10 图

解 (1) 梁的强度校核(拉伸与弯曲的组合)

经过分析,AB 的危险截面为 C 截面

$$F_N = F\cos 30° = 25 \times 0.866 = 21.65 \text{ kN}$$
$$M_y = F\sin 30° \cdot l_1 = 25 \times 0.5 \times 1.25 = 15.63 \text{ kN} \cdot \text{m}$$

查型钢表

$$W_y = 102 \times 10^{-6} \text{ m}^3$$
$$A = 21.5 \times 10^{-4} \text{ m}^2$$

$$\therefore \sigma_{\max} = \frac{F_N}{A} + \frac{M_y}{W_y} = \frac{21.65 \times 10^3}{21.5 \times 10^{-4}} + \frac{15.63 \times 10^3}{102 \times 10^{-6}} = 163 \text{ MPa} < [\sigma]$$

所以 AB 梁是安全的。

(2) 压杆 CD 的安全校核

由平衡条件可求得压杆 CD 所受力

$$F_{NCD} = 2F\sin 30° = 25 \text{ kN}$$

$$i_y = \frac{d}{4} = \frac{20}{4} = 5 \text{ mm}$$

$$\therefore \lambda = \frac{\mu l}{i_y} = \frac{1 \times 0.55}{5 \times 10^{-3}} = 110 > \lambda_p$$

压杆 CD 属于大柔度杆,用欧拉公式计算临界载荷

$$F_{lj} = \sigma_{lj} A = \frac{\pi^2 E}{\lambda^2} A = \frac{\pi^2 \times 206 \times 10^9}{110^2} \times \frac{\pi \times 20^2 \times 10^{-6}}{4} = 52.8 \text{ kN}$$

$$\therefore n = \frac{F_{lj}}{F_{NCD}} = \frac{52.8}{25} = 2.11 > n_w$$

所以压杆 CD 是安全的。

11. 如题 14.4.11 图所示为一用 20a 工字钢制成的压杆,材料为 Q235 钢,$E = 200$ GPa,$\sigma_p = 200$ MPa,压杆长度 $l = 5$ m,$F = 200$ kN。若 $n_w = 2$,试校核压杆的稳定性。

解 (1) 计算 λ

由附录中的型钢表查得

$i_y = 2.12 \text{ cm}, i_z = 8.51 \text{ cm}, A = 35.5 \text{ cm}^2$。压杆在 i 最小的纵向平面内抗弯刚度最小,柔度最大,临界应力将最小。因而压杆失稳一定发生在压杆 λ_{max} 的纵向平面内

$$\lambda_{max} = \frac{\mu l}{i_y} = \frac{0.5 \times 5}{2.12 \times 10^{-2}} = 117.9$$

(2) 计算临界应力,校核稳定性

$$\lambda_p = \pi \sqrt{\frac{E}{\sigma_p}} = \pi \sqrt{\frac{200 \times 10^9}{200 \times 10^6}} = 99.3$$

因为 $\lambda_{max} > \lambda_p$,此压杆属细长杆,要用欧拉公式来计算临界应力

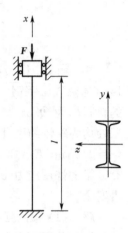

题 14.4.11 图

$$\sigma_{lj} = \frac{\pi^2 E}{\lambda_{max}^2} = \frac{\pi^2 \times 200 \times 10^3}{117.9^2} \text{MPa} = 142 \text{ MPa}$$

$$F_{lj} = A\sigma_{lj} = 35.5 \times 10^{-4} \times 142 \times 10^6 \text{ N} = 504.1 \times 10^3 \text{ N}$$
$$= 504.1 \text{ kN}$$

$$n = \frac{F_{lj}}{F} = \frac{504.1}{200} = 2.52 > n_w$$

所以此压杆稳定。

12. 如题 14.4.12 图所示连杆,材料为 Q235 钢,其 $E = 200$ GPa, $\sigma_p = 200$ MPa, $\sigma_s = 235$ MPa,承受轴向压力 $F = 110$ kN。若 $n_w = 3$,试校核连杆的稳定性。

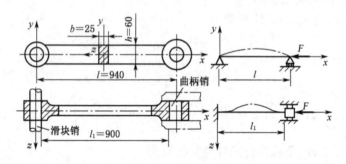

题 14.4.12 图

解 根据图中连杆端部约束情况,在 xy 纵向平面内可视为两端铰支;在 xz 平面内可视为两端固定约束。又因压杆为矩形截面,所以 $I_y \neq I_z$。

根据上面的分析,首先应分别算出杆件在两个平面内的柔度,以判断此杆将在哪个平面内失稳,然后再根据柔度值选用相应的公式来计算临界力。

(1) 计算 λ 在 xy 纵向平面内,$\mu = 1$,z 轴为中性轴

$$i_z = \sqrt{\frac{I_z}{A}} = \frac{h}{2\sqrt{3}} = \frac{6}{2\sqrt{3}} \text{ cm} = 1.732 \text{ cm}$$

$$\lambda_z = \frac{\mu l}{i_z} = \frac{1 \times 94}{1.732} = 54.3$$

在 xz 纵向平面内,$\mu = 0.5$,y 轴为中性轴

$$i_y = \sqrt{\frac{I_y}{A}} = \frac{b}{2\sqrt{3}} = \frac{2.5}{2\sqrt{3}} \text{ cm} = 0.722 \text{ cm}$$

$$\lambda_y = \frac{\mu l}{i_y} = \frac{0.5 \times 90}{0.722} = 62.3$$

$\lambda_y > \lambda_z$,$\lambda_{\max} = \lambda_y = 62.3$。连杆若失稳必发生在 xz 纵向平面内。

(2) 计算临界力,校核稳定性

$$\lambda_p = \pi\sqrt{\frac{E}{\sigma_p}} = \pi\sqrt{\frac{200 \times 10^9}{200 \times 10^6}} \approx 99.3$$

$\lambda_{\max} < \lambda_p$,该连杆不属细长杆,不能用欧拉公式计算其临界力,这里采用直线经验公式。查表,Q235 钢的 $a = 304$ MPa,$b = 1.12$ MPa

$$\lambda_s = \frac{a - \sigma_s}{b} = \frac{304 - 235}{1.12} = 61.6$$

$\lambda_s < \lambda_{\max} < \lambda_p$,属中等柔度杆,因此

$$\sigma_{lj} = a - b\lambda_{\max} = (304 - 1.12 \times 62.3) \text{ MPa} = 234.2 \text{ MPa}$$

$$F_{lj} = A\sigma_{lj} = 6 \times 2.5 \times 10^{-4} \times 234.2 \times 10^3 \text{ kN} = 351.3 \text{ kN}$$

$$n = \frac{F_{lj}}{F} = \frac{351.3}{110} = 3.2 > n_w$$

该连杆稳定。

13. 如题 14.4.13 图所示某钢材的比例极限 $\sigma_p = 230$ MPa,$\sigma_s = 274$ MPa,弹性模量 $E = 200$ GPa,中柔度杆的临界应力公式为 $\sigma_{lj} = 338 - 1.22\lambda$(MPa),试计算 λ_p 与 λ_s 的值,并绘出临界应力总图。

解 $$\lambda_p = \sqrt{\frac{\pi^2 E}{\sigma_p}} = \pi\sqrt{\frac{200 \times 10^9}{230 \times 10^6}} = 92.6$$

$$\lambda_s = \frac{338 - \sigma_s}{1.22} = \frac{338 - 274}{1.22} = 52.5$$

临界应力总图见右图。

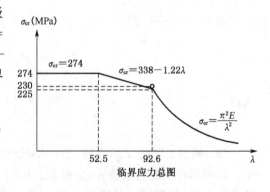

题 14.4.13 图

14. 如题 14.4.14(1)图所示刚性横梁 AB 水平放置,A 端是固定铰支座支承,B 端作用有向下的力 F,试计算其临界压力 F_{lj}。CD 和 EF 均为两端铰支的长为 l 的细长压杆,且 EI 已知。

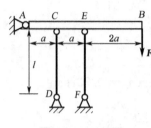
题 14.4.14(1)图

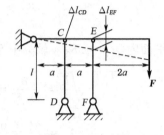
题 14.4.14(2)图

解 设杆件 CD,EF 受到轴力分别为 F_{N1},F_{N2}。由梁 AB 的平衡方程 $\sum M_A = 0$,得

$$aF_{N1} + 2aF_{N2} - 4aF = 0 \tag{a}$$

(1) 由于横梁 AB 是刚性杆,结构变形后,它仍为直杆,由题 14.4.14(2) 图中看出,杆件 AB,CD 两杆的伸长 Δl_{CD},Δl_{EF} 应满足以下关系:

$$\Delta l_{EF} = 2\Delta l_{CD} \tag{b}$$

(2) 由虎克定理

$$\Delta l_{CD} = \frac{F_{N1}l}{EA},\ \Delta l_{EF} = \frac{F_{N2}l}{EA}$$

代入(b)式得

$$\frac{F_{N2}l}{EA} = 2\frac{F_{N1}l}{EA} \tag{c}$$

(3) 由(a),(c) 两式解出

$$F_{N1} = \frac{4}{5}F,\ F_{N2} = \frac{8}{5}F$$

由以上分析得,杆件 EF 受压力最大,只要其达到临界压力,即为结构达到临界压力。由 $F_{lj} = \dfrac{\pi^2 EI}{l^2}$,得

$$F_{ljEF} = \frac{\pi^2 EI}{l^2}$$

所以

$$F_{lj} = \frac{5}{8}F_{ljEF} = \frac{5\pi^2 EI}{8l^2}$$

15. 两根直径为 d 的立柱,上、下端分别与强劲的顶、底块刚性连接,如题 14.4.15 图所示。试根据杆端的约束条件,分析在总压力 F 作用下,立柱可能产生的几种失稳形态下的挠曲线形状,分别写出对应的总压力 F 之临界值的算式(按细长杆考虑),确定最小临界力 P_{lj}。

解 在总压力 F 作用下,立柱微弯时可能有下列三种情况:

(1) 每根立柱作为两端固定的压杆分别失稳

$$\mu = 0.5$$

$$F_{\text{lj}(a)} = 2 \times \frac{\pi^2 EI}{(0.5l)^2} = \frac{\pi^2 EI}{0.125 l^2} = \frac{\pi^3 E d^4}{8 l^2}$$

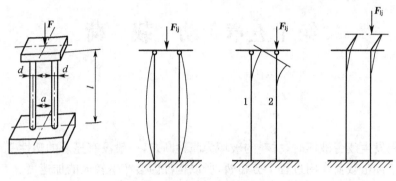

题 14.4.15 图

(2) 两根立柱一起作为下端固定而上端自由的体系在自身平面内失稳

$$\mu = 2$$

失稳时整体在面内弯曲,则 1,2 两杆组成一组合截面。

$$I = 2\left[\frac{\pi d^4}{64} + \frac{\pi d^2}{4} \times \left(\frac{a}{2}\right)^2\right]$$

$$F_{\text{lj}(b)} = \frac{\pi^2 EI}{(2l)^2} = \frac{\pi^3 E d^2}{128 l^2}(d^2 + 4a^2)$$

(3) 两根立柱一起作为下端固定而上端自由的体系在面外失稳

$$\mu = 2$$

$$F_{\text{lj}(c)} = \frac{\pi^2 E \times 2 \times \frac{\pi d^4}{64}}{(2l)^2} = \frac{\pi^3 E d^4}{128 l^2}$$

故面外失稳时 P_{lj} 最小: $\quad P_{\text{lj}} = \frac{\pi^3 E d^4}{128 l^2}$。

第十五章 动 载 荷

一、判断题

1. 材料发生疲劳破坏时，材料的破坏为脆性断裂，一般没有显著的塑性变形。（ ）
2. 由于冲击载荷作用过程十分短暂，所以构件内会产生较大的加速度。（ ）
3. 匀变速直线运动构件，其动应力为 $\sigma_d = K_d \sigma_j$，也就是说，动载荷的动力效应是通过动荷系数 K_d 反映出来的。（ ）
4. 研究冲击时的应力和应变已经不属于动载荷问题。（ ）
5. 交变应力作用下的塑性材料破坏并不表现为脆性断裂。（ ）
6. 疲劳极限与持久极限是两个完全不同的概念。（ ）
7. 交变应力产生破坏时，最大应力值一般低于静载荷作用下材料的抗拉（压）强度极限 σ_b。（ ）
8. 由于冲击载荷作用过程十分短暂，所以构件内会产生较小的加速度。（ ）
9. 动载荷的动力效应是通过动荷系数 K_d 反映出来的。（ ）
10. 疲劳破坏的原因是交变应力的作用改变了金属组织结构。（ ）
11. 研究冲击时的应力和变形属于动载荷问题。（ ）
12. 实验通常测定的是材料在对称循环下的持久极限。（ ）
13. 动荷系数总是大于1。（ ）
14. 对自由落体垂直冲击，被冲击构件的冲击应力与材料无关。（ ）
15. 在冲击应力和变形实用计算的能量法中，因为不计被冲击物的质量，所以计算结果与实际情况相比，冲击应力和冲击变形均偏大。（ ）
16. 动载荷作用下，构件内的动应力与构件材料的弹性模量有关。（ ）

参考答案：

1. 对　2. 对　3. 对　4. 错　5. 错　6. 错　7. 对　8. 错　9. 对　10. 错
11. 对　12. 错　13. 错　14. 错　15. 对　16. 对

二、填空题

1. 动载荷作用下构件内产生的应力称为_____。
2. 当具有一定速度的物体（冲击物）作用到静止的构件（被冲击物）上时，冲击物的速度发生急剧的变化，由于冲击物的惯性，使被冲击物受到很大的作用力，这种现象称为_____。
3. 随时间做周期性交替变化的应力，称为_____。

4. 材料在_____作用下能承受无限次循环而不破坏的最大应力值,称为材料的持久极限。

5. 当应力随时间作用周期性变化时,若最大正应力和最小正应力_____,则称为对称循环交变应力。

参考答案:

1. 动应力   **2.** 冲击   **3.** 交变应力   **4.** 交变应力   **5.** 大小相等、符号相反

三、选择题

1. 受水平冲击的刚架如题 15.3.1 图所示,欲求 C 点的铅垂位移,则动荷系数表达式中的静位移 Δ_{st} 应是_____。

    A. C 点的铅垂位移   B. C 点的水平位移

    C. B 点的水平位移   D. 截面 B 的转角

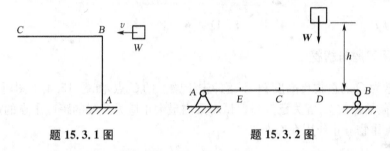

题 15.3.1 图   题 15.3.2 图

2. 如题 15.3.2 图所示,重量为 W 的物体自高度为 h 处下落至梁上 D 截面处。梁上 C 截面的动应力为 $\sigma_d = K_d \cdot \sigma_{st}$,其中 $K_d = 1 + \sqrt{1 + \dfrac{2h}{\Delta_{st}}}$,式中 Δ_{st} 应取静载荷作用下梁上_____。

    A. C 点的挠度   B. E 点的挠度

    C. D 点的挠度   D. 最大挠度

3. 如题 15.3.3 图所示,重量为 W 的物体自由下落,冲击在悬壁梁 AB 的 B 点上。梁的横截面为工字形,梁可安放成图(a)或图(b)的两种形式。比较两种情形下 A 截面处的静应力和动荷系数,其正确的说法是_____。

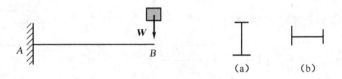

题 15.3.3 图

    A. 图(a)静应力小,动荷系数小   B. 图(b)静应力小,动荷系数小

    C. 图(a)静应力小,动荷系数大   D. 图(b)静应力大,动荷系数大

4. 一滑轮两边分别挂有重量为 W_1 和 W_2 的重物,如题 15.3.4 图所示。该滑轮左、右

两边绳的_____。

A. 动荷系数不等,动应力相等
B. 动荷系数相等,动应力不等
C. 动荷系数和动应力均相等
D. 动荷系数和动应力均不等

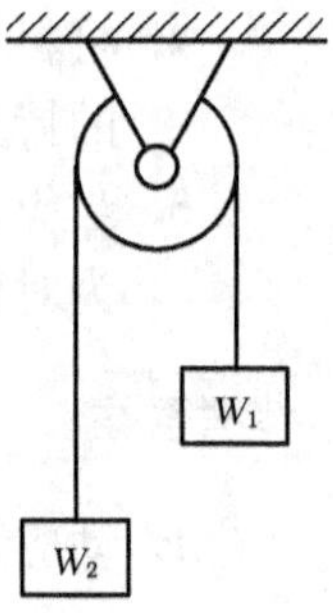

5. 半径为 R 的薄壁圆环,绕其圆心以匀角速度 ω 转动。采用_____的措施可以有效地减小圆环内的动应力。

A. 增大圆环的横截面面积　　B. 减小圆环的横截面面积
C. 增大圆环的半径 R 　　　　D. 降低圆环的角速度 ω

题 15.3.4 图

6. 以匀角加速度旋转的构件,其上各点惯性力的方向_____。

A. 垂直于旋转半径　　　　　B. 沿旋转半径指向旋转中心
C. 沿旋转半径背离旋转中心　D. 既不垂直也不沿着旋转半径

参考答案:

1. C　**2.** C　**3.** C　**4.** B　**5.** D　**6.** C

四、综合应用习题与解答

1. 重量为 Q 的重物自高度 H 下落冲击于梁上的 C 点,如题 15.4.1 图所示。设梁的 E、I 及抗弯截面系数 W 皆为已知量。试求梁内最大正应力及梁的跨度中点的挠度。

解 (1) 重物静止作用在 C 处时

查表得静挠度为 　　$\Delta_{st} = \dfrac{Q \cdot \frac{l}{3} \cdot \frac{2l}{3}}{6EIl}\left[l^2 - \left(\frac{2}{3}l\right)^2\right] = \dfrac{5Ql^3}{243EI}$

最大静应力 　　$\sigma_{stmax} = \dfrac{M_{max}}{W} = \dfrac{2Ql}{qW}$

查表得梁中点的静挠度 　　$\Delta_{st(\frac{l}{2})} = \dfrac{Q \cdot \frac{l}{3}\left(3l^2 - \frac{4}{9}l^2\right)}{48EI} = \dfrac{23Ql^3}{1\,296EI}$

(2) 自由落体的动荷系数是

$$K_d = 1 + \sqrt{1 + \dfrac{2H}{\Delta_{st}}} = 1 + \sqrt{1 + \dfrac{486EIH}{5Ql^3}}$$

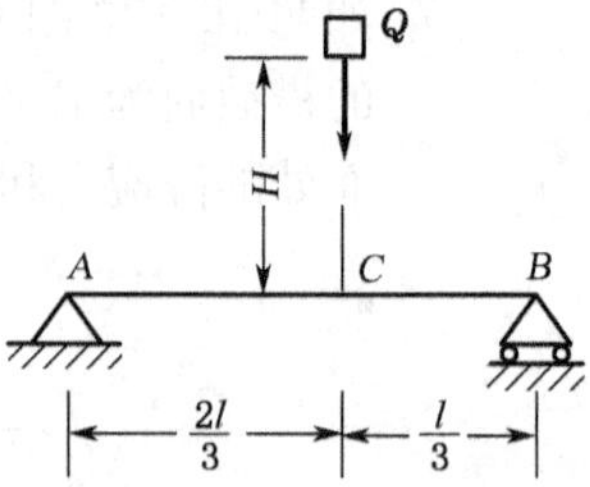

(3) 最大正应力及梁中点的挠度

$$\sigma_{dmax} = K_d \sigma_{stmax} = \dfrac{2Ql}{qW}\left(1 + \sqrt{1 + \dfrac{486EIH}{5Ql^3}}\right)$$

$$\Delta'_{st(\frac{l}{2})} = K_d \Delta_{st(\frac{l}{2})} = \dfrac{23Ql^3}{1\,296EI}\left(1 + \sqrt{1 + \dfrac{486EIH}{5Ql^3}}\right)$$

题 15.4.1 图

2. 题 15.4.2 图所示机车车轮以 $n = 300$ r/min 的转速旋转。平行杆 AB 的横截面为矩形,$h = 5.6$ cm,$b = 2.8$ cm,长度 $l = 2$ m,$r = 25$ cm,材料的密度为 $\rho = 7.8$ g/cm³。试确

定平行杆最危险的位置和杆内最大正应力。

解 $a_n = \omega^2 r = \left(\dfrac{\pi n}{30}\right)^2 r = (10\pi)^2 \cdot 0.25$

∴ 当 AB 在最低点处，a 最大，此时重力和惯性力集度

$q = \rho A g\left(1 + \dfrac{a}{g}\right)$ 有最大值，

$M_d = \dfrac{1}{8}ql^2$，$W = \dfrac{1}{6}bh^2$，$A = bh$

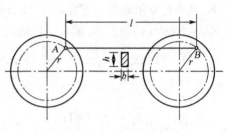

题 15.4.2 图

∴ 平行杆的正应力

$$\sigma_d = \dfrac{M_d}{W} = \dfrac{\dfrac{1}{8}ql^2}{\dfrac{bh^2}{6}} = \dfrac{3}{4} \cdot \dfrac{bh\rho g\left(1 + \dfrac{a}{g}\right)l^2}{bh^2} = \dfrac{3\rho g l^2\left(1 + \dfrac{a}{g}\right)}{4h}$$

∴ 当平行杆在最低点时，出现最大正应力，最危险

$$\sigma_{d\max} = \dfrac{3\rho g l^2\left(1 + \dfrac{\omega^2 r}{g}\right)}{4h} = \dfrac{3 \times 7.8 \times 10^3 \times 10 \times 2^2 \times \left(1 + \dfrac{(10\pi)^2 \times 0.25}{10}\right)}{4 \times 5.6 \times 10^{-2}}$$

$= 107 \text{ MPa}$

3. 如题 15.4.3 图所示，吊索以匀加速度 $a = 4.9 \text{ m/s}^2$ 提升重 $F = 20 \text{ kN}$ 的重物，吊索的许用应力 $[\sigma] = 80 \text{ MPa}$，试求吊索的最小横截面面积。

解 $F_N - F = ma$，$F_N = 20 + 20 \times \dfrac{4.9}{9.8} = 30 \text{ kN}$

$\sigma = \dfrac{F_N}{A} \leqslant [\sigma]$

$A \geqslant \dfrac{30 \times 10^3}{80 \times 10^6} = 3.75 \times 10^{-4} \text{ m}^2$

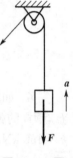

题 15.4.3 图

4. 用两根平行钢索，以匀加速度 $a = 9.8 \text{ m/s}^2$ 提升如题 15.4.4 图所示工字钢梁（型号:32c），试求梁的最大动应力。

解 由惯性力引起的载荷密度:

$q_2 = \dfrac{ma}{l} = \dfrac{62.765 l}{l}a$

$q = 62.765g + 62.765a$

$\sigma = \dfrac{M}{W} = \dfrac{6 \times 2 \times 62.765 \times 9.8}{81.2 \times 10^{-6}} \times 10^{-6} = 90.90 \text{ MPa}$

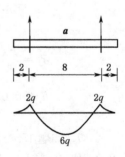

题 15.4.4 图

5. 如题 15.4.5 图所示，直径 $d_1 = 30 \text{ cm}$，长 $l = 6 \text{ m}$ 弹性模量 $E_1 = 10 \text{ GPa}$ 的两根相

同木杆。重 $W = 5$ kN 的重锤从杆的上部 $H = 1$ m 高度处自由落下,其中杆 b 顶端放一直径 $d = 15$ cm,厚 $h = 20$ mm,弹性模量 $E_2 = 8$ MPa 的橡皮垫。试求二杆的应力。

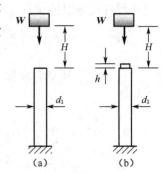

题 15.4.5 图

解 (1) $\Delta_{st1} = \dfrac{Pl}{EA} = \dfrac{5 \times 10^3 \times 6 \times 4}{10 \times 10^9 \times \pi \times 0.3^2}$

$\qquad\qquad = 4.244 \times 10^{-5}$ m

$F_d = P\left(1 + \sqrt{1 + \dfrac{2H}{\Delta_{st}}}\right) = 5\left(1 + \sqrt{1 + \dfrac{2}{4.244 \times 10^{-5}}}\right)$

$\quad = 1\,090.4$ kN

$\sigma_d = \dfrac{F_d}{A} = \dfrac{1\,090.4 \times 10^3 \times 4}{\pi \times 0.3^2} \times 10^{-6} = 15.43$ MPa。

(2) 橡皮垫的静位移:

$\Delta_{st2} = \dfrac{5 \times 10^3 \times 0.02 \times 4}{8 \times 10^6 \times \pi \times 0.15^2} = 7.0736 \times 10^{-4}$ m

总的静位移:

$\Delta_{st} = 4.244 \times 10^{-5} + 7.0736 \times 10^{-4} = 7.498 \times 10^{-4}$ m

$F_d = 5\left(1 + \sqrt{1 + \dfrac{2 \times 0.98}{7.498 \times 10^{-4}}}\right) = 260.7$ kN

$\sigma_d = \dfrac{260.7 \times 10^3 \times 4}{\pi \times 0.3^2} \times 10^{-6} = 3.69$ MPa

6. 如题 15.4.6 图所示装置,直径 $d = 4$ cm,长 $l = 4$ m 的钢杆,上端固定,下端有一托盘,钢杆的弹性模量 $E = 200$ GPa,许用应力 $[\sigma] = 120$ MPa,弹簧刚度 $k = 160$ kN/cm,自由落体重 $P = 20$ kN,试求容许高度 h 为多少。

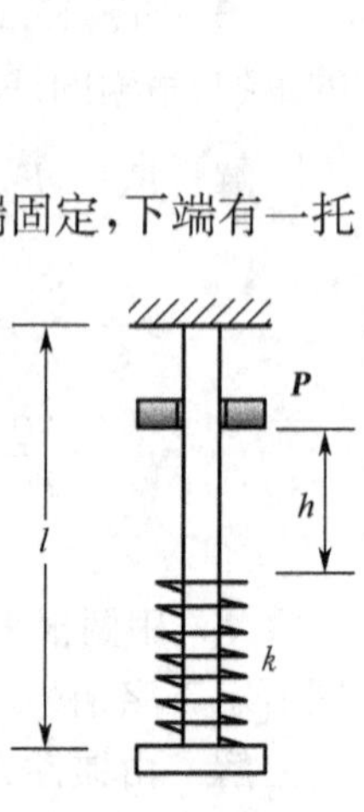

解 $\Delta_{st} = \dfrac{Pl}{EA} + \dfrac{Q}{k} = \dfrac{20 \times 10^3 \times 4 \times 4}{200 \times 10^9 \times \pi \times 0.04^2} + \dfrac{20 \times 10^{-2}}{160}$

$\qquad = 3.183 \times 10^{-4} + 0.00125 = 1.568 \times 10^{-3}$ m

$\sigma_d = \dfrac{F_d}{A} = \dfrac{20 \times 10^3 \left(1 + \sqrt{1 + \dfrac{2h}{\Delta_{st}}}\right) \times 4}{\pi \times 0.04^2} \leqslant 120 \times 10^6$

$h \leqslant 0.0327$ m

题 15.4.6 图

7. 如题 15.4.7 图所示圆截面钢杆,直径 $d = 20$ mm,杆长 $l = 2$ m,弹性模量 $E = 210$ GPa,一重 $P = 500$ N 的冲击物,沿杆轴自高度 $h = 100$ mm 处自由下落。试在下列两种情况下计算横截面上的最大正应力,杆与突缘的质量以及突缘与冲击物的变形均忽略不计。

(1) 冲击物直接落在杆的突缘上情况下(图 a);

(2) 突缘上有刚度 $k = 200$ N/mm 的弹簧(图 b)。

解 (1) $\Delta_{st} = \dfrac{Pl}{EA} = 1.5158 \times 10^{-5}$ m

$$F_d = P\left(1 + \sqrt{1 + \dfrac{2h}{\Delta_{st}}}\right)$$

$$= 500\left(1 + \sqrt{1 + \dfrac{2 \times 0.1}{1.5158 \times 10^{-5}}}\right)$$

$$= 57\,936 \text{ N}$$

$$\sigma_d = \dfrac{F_d}{A} = \dfrac{57\,936 \times 4}{\pi \times 0.02^2} \times 10^{-6} = 184.5 \text{ MPa}$$

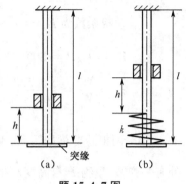

题 15.4.7 图

(2) $\Delta_{st} = \dfrac{Pl}{EA} + \dfrac{P}{k} = 1.5158 \times 10^{-5} + \dfrac{500}{200} \times 10^{-3}$

$$= 1.5158 \times 10^{-5} + 0.0025 = 2.5152 \times 10^{-3} \text{ m}$$

$$F_d = P\left(1 + \sqrt{1 + \dfrac{2h}{\Delta_{st}}}\right) = 500\left(1 + \sqrt{1 + \dfrac{2 \times 0.1}{2.5152 \times 10^{-3}}}\right) = 4\,987 \text{ N}$$

$$\sigma_d = \dfrac{4\,987 \times 4}{\pi \times 0.02^2} \times 10^{-6} = 15.9 \text{ MPa}$$

8. 如题 15.4.8 图所示,两梁材料、截面均相同,欲使两个梁的最大冲击应力相等,问 $l_1 : l_2$ 为多少?(取 $k_d = \sqrt{2H/\Delta_{st}}$)

解： $\Delta_{st1} = \dfrac{Pl_1^3}{48EI}$, $\Delta_{st2} = \dfrac{Pl_2^3}{3EI}$

$$\dfrac{l_1}{4}\dfrac{\sqrt{F_{d1}}}{W} = l_2 \dfrac{\sqrt{F_{d2}}}{W}$$

$$\dfrac{l_1}{4}\dfrac{\sqrt{\dfrac{2H \cdot 48EI}{Pl_1^3}}}{W} = l_2 \dfrac{\sqrt{\dfrac{2H \cdot 3EI}{Pl_2^3}}}{W}$$

$$l_1 : l_2 = 1$$

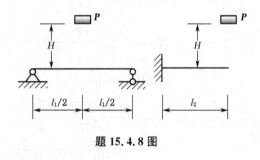

题 15.4.8 图

9. 如题 15.4.9 图所示等截面刚架,一重量为 $P = 300$ N 的物体,自高度 $h = 50$ mm 处自由下落,计算刚架内的最大正应力。材料的弹性模量 $E = 200$ GPa,刚体质量与冲击物的变形均忽略不计。

解 计算撞击点的静位移：

$$\Delta_{st} = \dfrac{1}{EI}\left(\dfrac{Pl^2}{2} \cdot \dfrac{2}{3}l + Pl^2 \cdot l\right) = \dfrac{4Pl^3}{3EI}$$

$$= \dfrac{4 \times 300 \times 1^3 \times 12}{3 \times 200 \times 10^9 \times 30^3 \times 40 \times 10^{-12}}$$

$$= 2.22 \times 10^{-3} \text{ m}$$

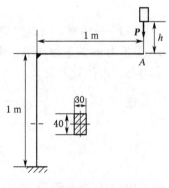

题 15.4.9 图

动载系数为 $K_d = 1 + \sqrt{1 + \dfrac{2h}{\Delta_{st}}} = 1 + \sqrt{1 + \dfrac{2 \times 0.05}{2.22 \times 10^{-3}}} = 3.346$

$F_d = K_d P = 300 \times 3.346 = 1\,003.8 \text{ N}$

$\sigma_d = \dfrac{M_d}{W} = \dfrac{1\,003.8 \times 1 \times 6}{0.04 \times 0.03^2} \times 10^{-6} = 167.3 \text{ MPa}$

10. 两根悬臂梁如题 15.4.10 图所示,其弯曲截面系数均为 W,区别在于图(b)梁在 B 处有一弹簧,重物 P 自高度 h 处自由下落。若动荷因数为 $K_d = \sqrt{\dfrac{2h}{\Delta_{st}}}$,试回答:

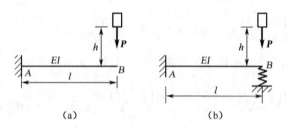

题 15.4.10 图

(1) 哪根梁的动荷因数较大,为什么?

(2) 哪根梁的冲击应力大,为什么?

解 (1) 图(a) $\Delta_{st} = \dfrac{Pl^3}{3EI}$

图(b) $\Delta_{st} = \dfrac{(P-F_B)l^3}{3EI}$

故图(b)的 K_d 大。

(2) 图(a) $\sigma_{max} = \dfrac{\sqrt{6EIhPl}}{Wl}$

图(b) $\sigma_{max} = \dfrac{\sqrt{6EIh(P-F_B)l}}{Wl}$,故图(a)的冲击应力大。

11. 一铅垂方向放置的简支梁如题 15.4.11 图所示,受水平速度为 v_0、质量为 m 的重物冲击。梁的弯曲刚度为 EI。试证明梁内的最大冲击应力与冲击位置无关。

证 $\dfrac{1}{2}mv_0^2 = \dfrac{1}{2}F_d \Delta_d = \dfrac{F_d^2 a^2 b^2}{6EIl} = \dfrac{M_{dmax}^2 l}{6EI}$

$M_{dmax} = \sqrt{\dfrac{3mv_0^2 EI}{l}}$

题 15.4.11 图

而梁内最大冲击正应力与 M_{dmax} 成正比,由 M_{dmax} 知 σ_{dmax} 与冲击位置

(a, b) 值无关。

12. 自由落体冲击如题 15.4.12 图所示,冲击物重量为 P,离梁顶面的高度为 h_0,梁的跨度为 l,矩形截面尺寸为 $b \times h$,材料的弹性模量为 E,试求梁的最大挠度。

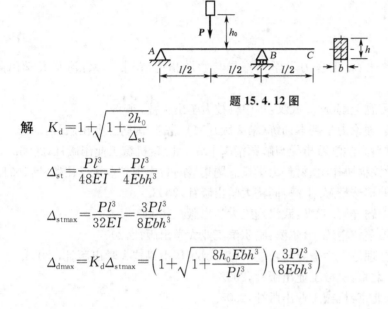

题 15.4.12 图

解 $K_d = 1 + \sqrt{1 + \dfrac{2h_0}{\Delta_{st}}}$

$\Delta_{st} = \dfrac{Pl^3}{48EI} = \dfrac{Pl^3}{4Ebh^3}$

$\Delta_{stmax} = \dfrac{Pl^3}{32EI} = \dfrac{3Pl^3}{8Ebh^3}$

$\Delta_{dmax} = K_d \Delta_{stmax} = \left(1 + \sqrt{1 + \dfrac{8h_0 Ebh^3}{Pl^3}}\right)\left(\dfrac{3Pl^3}{8Ebh^3}\right)$

参 考 文 献

[1] 范钦珊,税国双,蒋永莉. 工程力学学习指导与解题指南[M]. 北京:清华大学出版社,2005.
[2] 赵诒枢. 工程力学习题全解[M]. 武汉:华中科技大学出版社,2008.
[3] 沈火明,张明,古滨. 理论力学基本训练(第2版)[M]. 北京:国防工业出版社,2008.
[4] 范钦珊,陈艳秋. 材料力学学习指导与解题指南[M]. 北京:机械工业出版社,2005.
[5] 华东地区材料力学课程协作组. 材料力学概念题集. 徐州:中国矿业大学出版社,1991.
[6] 韦林. 理论力学习题精选精解. 上海:同济大学出版社,2003.
[7] 朱四荣. 理论力学习题详解. 武汉:武汉理工大学出版社,2009.
[8] 郑金逸. 理论力学习题解精练. 哈尔滨:哈尔滨工业大学出版社,2007.
[9] 赵枢,尹长城,沈勇. 理论力学辅导与习题解答. 武汉:华中科技大学出版社,2008.
[10] 吴绍莲. 工程力学. 北京:机械工业出版社,2002.
[11] 吴建生. 工程力学. 北京:机械工业出版社,2003.
[12] 李龙堂. 工程力学. 北京:机械工业出版社,1993.
[13] 瞿芳. 工程机械基础. 哈尔滨:哈尔滨工程大学出版社,2008.
[14] 刘鸿文. 材料力学(第四版)[M]. 北京:高等教育出版社,2004.